KB134342

한 번만 읽으면 확 잡히는
중등 생명과학

한 번만 읽으면 확 잡히는
중등 생명과학

김미정 임현구 지음

한ㄹ

 지금 이 책을 펼쳐보는 사람은 누구일지, 어떤 마음으로 이 책을 펼칠지 생각해 봅니다. 학생일지, 학생의 부모님일지, 교양서를 찾는 성인일지도 궁금하고요. 얼마나 빠르게 읽히는 책이 될지, 얼마나 오랫동안 읽히는 책이 될지, 그리고 어떤 까닭으로 선택을 받게 된 것인지도 궁금합니다.

 이 책은 중학교와 고등학교에서 배우게 되는 생명과학의 내용을 영역별로 묶어서 설명하고 있어요. 어려울 것 같다고요? 혹시 그렇게 생각할까 봐, 바로 옆에 앉아서 조곤조곤 이야기한다는 생각으로 이 책을 썼습니다. 어떤 부분에서는 역사 속에서 살아 숨 쉬는 과학을, 어떤 부분에서는 개념과 교과서에 나오는 실험을, 또 어떤 부분에서는 우리가 생활 속에서 스치듯 지나갔을 궁금증들을 포함해서 말이지요.

 이 책에는 생명 현상이 뭔지, 식물에서 일어나는 일과 동물에서 일어나는 일은 어떤 것들이 있는지, 생명체가 자신의 유전 정보를 어떻게 전달하는지, 그리고 코로나의 시대를 살아가는 우리에게 필요한 것들이 무엇인지 담아 놓았어요. 우리의 생활 안에서 일어나는 일을 바탕으로 하여, 생명체이기 때문에 일어나는 일들에 대해 설명했습니다. 공부하면서 모르는 부분을 찾아보거나 고등학교에 진학하기 전 생명과학에 대한 전체적인 흐름을 알고 싶다면, 생각만큼 어렵진 않을 테니 학창 시절 기억에 남는 책 중 한 권이 되기를 바랍니다.

생명과학은 내 몸에서 일어나는 일이자, 동시에 나와 함께 같은 공기를 마시고 있는 다른 생명체에 대한 흥미와 관심, 호기심일 겁니다.

한 시인이 말했어요. 자세히 보고, 오래 들여다보아야 사랑스럽다고. 주변의 생명체에 관심을 가지고 그 관심을 새록새록 키워가고 싶다면, 이 책이 오래 들여다보며 사랑스러운 생명과학의 시작점으로 삼기를 바랍니다.

김미정 · 임현구

CONTENTS

Part 1. 생물의 다양성

북극곰

부들부들~

왜 그래?

 북극곰

서 있을 데가 없어서 당황했더니 사람들이
사진 찍었지 뭐야. 창피해.

ㅋㅋㅋㅋ 괜찮아, 뭘.

 북극곰

그래도 나 북극곰인데~

난 펭귄한테 밟히는 거 찍혔어.
자고 있었더니 돌인 줄 알고 밟고 감.

 북극곰

ㅋㅋㅋㅋ 근데, 너희 동네 펭귄도 살아?

내가 먹는 애들이야~

 북극곰

난 펭귄 다 떠난 줄 알았는데!!
아직도 조류가 살아 있다니!!

펭귄 조류 맞지?

맞아. 근데 걔들은 못 날지.

펭귄이 들어오셨습니다

 펭귄

방가방가~

야! 너!! 나 밟고 그냥 가고!

 펭귄

미안해~ 그땐 놀라서 ㅎㅎ
날 잡아먹을까봐.

하, 이제 잡아먹고 싶어도
그럴 애들도 없어.

 북극곰

오~ 조류~

 펭귄

오~ 포유류~ 뭐래~

+ ☺ #

66 남극에 사는 해표와 펭귄, 북극에 사는 북극곰은 기후 변화로 서식지가 빠르게 줄어드는 생물이에요. 살 곳이 없어져서 굶어 죽거나, 질식하는 동물들도 점점 많아지고 있어요.

북극곰이나 해표는 척추가 있는 동물 중 포유류에 속하고, 펭귄은 날개가 있는 조류에 속합니다. 세 동물의 공통점은 척추가 있다는 것? 다른 점은… 흐음 같이 찾아볼까요? **99**

1. 생물의 유기적 구성

생명체! 한 땀 한 땀 모여야 완성체!

아메바라는 이름을 들어 본 적이 있나요? 아메바와 사람의 공통점은 과연 무엇일까요?

그 전에, 세포라는 말을 들어 본 적 있지요? 세포는 생명체를 구성하는 가장 작고, 기본적인 단위입니다. 아메바처럼 몸이 하나의 세포인 생명체를 '단세포 생물', 사람처럼 여러 개의 세포로 이루어진 생명체를 '다세포 생물'이라고 불러요.

단세포 생물이든 다세포 생물이든, 생물이라면 모두 세포로 구성되어 있어요. 여기에 더해서 다세포 생물은 **체계**를 가지고 있죠. 마치 건축을 할 때, 벽돌을 차곡차곡 쌓아야 건물이 제대로 완성되는 것과 비슷합니다.

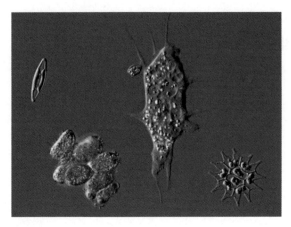

아메바

　세포는 한 가지 종류가 아니에요. 생김새도 다양하고 하는 일도 여러 가지죠. 인간을 예로 들자면, 신경 세포는 정보를 전달하는 역할을 하고 근육 세포는 몸을 움직일 수 있도록 합니다. 하지만 이런 일들을 세포 한 개가 전부 할 수는 없어요. 그렇기 때문에 같은 기능을 가진 여러 개의 세포가 모였는데, 이렇게 만들어진 단계를 **조직**이라 부릅니다.

　동물의 조직은 상피 조직, 근육 조직, 신경 조직, 결합 조직으로 이루어져 있어요. 혹시 상피 조직이라는 말을 들어 본 적 있나요? 상피 조직은 우리 몸의 겉부분인 피부나, 장기의 내부 표면을 만드는 세포들입니다. 근육 조직은 팔다리를 움직이게 하는 근육 세포의 모임이고요. 신경 조직은 머릿속의 뇌를 비롯해서 온몸에 뻗어 있는 신경 세포들이고, 결합 조직은 뼈, 적혈구, 인대와 같은 세포들을 말합니다.

　같은 종류의 세포가 모여 조직을 만드는 것과 달리, 다른 종류의 조직이 모여 하나의 **기관**을 만들어요. 우리가 잘 알고 있는 위, 소장, 간 등은 소화

상피 세포   적혈구   근육 세포   신경 세포

동물 세포의 종류

기관이라 부르죠. 기관이 모이면~ 짠! 하나의 몸뚱이를 가진 생명체가 됩니다. 이것을 **개체**라고 해요.

동물의 기관계 vs 식물의 조직계

인간처럼 복잡한 동물은 같은 일을 하는 기관들이 많습니다. 치킨을 먹었다고 예를 들어볼게요. 이 치킨이 소화되기까지 거치는 기관으로는 무

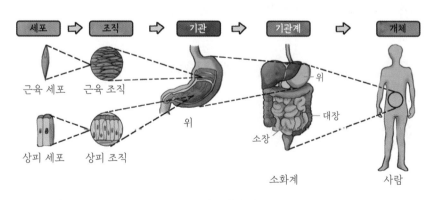

세포 ⇨ 조직 ⇨ 기관 ⇨ 기관계 ⇨ 개체

근육 세포   근육 조직   위

상피 세포   상피 조직   위   대장   소장   소화계   사람

동물의 구성 단계

엇이 있을까요? 입, 식도, 위, 십이지장, 간, 소장, 대장… 치킨 한 조각을 소화하는 데도 통과하는 기관이 많지요? 이처럼 같은 일을 하는 기관을 모아 **기관계**라고 불러요. 이 기관들은 소화하는 일을 다 함께 하니까 소화 기관계라고 부릅니다.

동물은 기관계가 잘 발달했어요. 그럼 소화 기관계 외에 다른 기관계로는 무엇이 있을까요? 호흡에 관한 일을 하는 기관의 모임은 '호흡 기관계', 순환에 관한 일을 하는 기관은 '순환 기관계'라고 부릅니다. 이외에도 우리 몸에는 신경계, 배설계처럼 같은 일을 하는 기관들의 모임인 기관계가 여럿 있죠. 동물은 이런 기관계가 모여서 하나의 개체가 됩니다.

이번엔 식물의 발달 단계를 볼게요. 식물도 세포가 모여서 조직이 구성됩니다. 식물의 조직은 가장 겉 부분을 둘러싸고 있는 **표피 조직**, 물관 세포와 체관 세포가 모여 만들어지는 **물관과 체관**, 잎의 광합성을 담당하는 **울타리 조직과 해면 조직**이 있어요.

조직이 잘 발달한 식물은 조직들의 모임인 **조직계**를 가집니다. 물관과 체관을 합하여 **관다발 조직계**, 울타리 조직과 해면 조직을 합하여 **기본 조직계**, 표피 조직은 **표피 조직계**로 구분하지요.

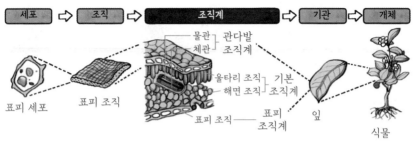

식물의 구성 단계

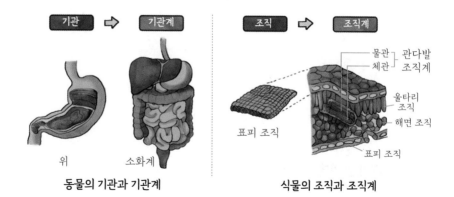

기관 ⇨ 기관계	조직 ⇨ 조직계

물관 ┐ 관다발
체관 ┘ 조직계

울타리 조직

해면 조직

표피 조직

표피 조직

위 　　　　소화계

동물의 기관과 기관계　　　　**식물의 조직과 조직계**

이 조직계가 모이면 **기관**이 됩니다. 식물이 자라는 데 관여하는 기관은 **영양 기관**, 번식하는 데 관여하는 기관은 **생식 기관**으로 구분해요. 영양 기관은 **뿌리, 줄기, 잎**이고, 생식 기관은 **꽃, 열매**입니다.

동물과 식물 모두, 세포 한 개에서 시작해서 하나의 개체가 됩니다. 같은 세포가 모여 조직을 이루고, 다른 조직이 모여 기관을 이룬다는 공통점도 있지요. 동물은 기관계 단계가, 식물은 조직계 단계가 더 있다는 차이점도 있어요.

정리해 볼게요. 동물은 세포가 모여 조직이 되고, 조직이 모여 기관이 되고, 기관이 모여 기관계가 되고, 기관계가 모여 개체가 됩니다. 그리고 식물은 세포가 모여 조직이 되고, 조직이 모여 조직계가 되고, 조직계가 모여 기관이 되고, 기관이 모여 하나의 개체를 이루게 됩니다.

이 관계를 화살표로 나타내면 다음과 같아요.

동물	세포 → 조직 → 기관 → 기관계 → 개체
식물	세포 → 조직 → 조직계 → 기관 → 개체

개체, 생태계를 향한 새로운 시작

한 개의 세포가 한 땀 한 땀 모여 하나의 개체를 이루기까지는 여러 단계를 거치게 됩니다. 하지만 이것이 끝인 줄 알았다면 오산이에요! 개체들이 서로 모여 무리를 이루면 **개체군**이 됩니다. 은행나무 개체군, 왕개미 개체군, 토끼 개체군… 이런 식으로요.

이 개체군들이 여럿 모이면 **군집**을 이룹니다. 하나의 군집에 은행나무 개체군, 왕개미 개체군, 토끼 개체군이 모두 있는 거죠. 개체 하나가 만들

개체군 군집

개체	개체군	군집	생태계
하나의 생명체	일정한 지역에 같은 종의 개체가 무리를 이루는 것	일정한 지역에서 서로 관계를 맺고 살아가는 여러 개체군 집단	일정한 공간에서 자연 환경과 생물이 밀접한 관계를 맺으며 서로 영향을 주고받는 체계

개체, 개체군, 군집, 생태계

어질 때도 한 땀 한 땀 모여야 했는데, 개체가 만들어진 후에도 서로 모이고 또 모이네요. 와! 점점 거대해지는 생명체의 기운이 느껴지나요? 이런 군집들과 환경이 서로 영향을 주고 받는 하나의 체계를 **생태계**라고 합니다.

생태계라고 하면 다큐멘터리에서 본 세렝게티의 초원이나 아마존이 생각나지요? 맞아요. 하지만 초원이나 열대 우림뿐 아니라 우리 주변에서 볼 수 있는 공원, 산, 강도 모두 생태계입니다. 심지어 우리가 살고 있는 집 안에도 생태계가 있어요. 집에 사는 개미, 모기, 곰팡이 등의 개체군이 모여 군집을 이루고, 서로 먹고 먹히고, 경쟁하고, 같이 살며 생태계를 이루어요.

창발성, 생명체의 오묘함

세포가 모여서 조직이 되고 기관이 되는 것처럼, 개체가 모여서 개체군과 군집이 되는 것을 보면 '생물들은 자꾸 모여야 살 수 있는 게 아닐까?' 하는 생각이 들어요.

배 속의 대장균도 서로 모여 있고, 우리 몸 세포들도 모여 있고, 세포가 모여서 만들어진 조직이 모여서 기관을 만들고, 기관들도 모여서 개체를 만들고, 개체들이 모여서 개체군, 군집, 생태계를 만드니까요.

그런데 생명체의 모든 단계는 서로 모이기만 하고 끝나는 게 아니라, 모여서 서로 간에 정보를 교환하고 영향도 주고받습니다. 이렇게 서로 영향을 주고받는 것을 **상호 작용**이라고 해요. 이 상호 작용으로 생기는 새로운 현상을 **창발성**이라고 합니다. 말이 좀 어렵죠?

창발성이란 서로 모여서 더 큰 효과를 내는 현상을 말해요. 쉽게 말해서 1+1=2가 아니라 그보다 더 큰 결과를 낼 수 있다는 뜻입니다. 예를 들어 볼게요. 뼈와 피부 조직과 신경 조직과 근육 조직이 모여 만든 손가락이라는 운동 기관은 키보드를 누를 수 있도록 도와주죠. 단순히 모여 있는 게

뼈를 넣고 신경을 붙인 후

피부도 잘 바르면

오 오 오~
키보드를 누를 수 있어!

손가락을 만들 때

아니라 복잡한 체계를 이루기 때문에 기능할 수 있는 거예요.

마찬가지로 개체가 개체군이 되고 개체군이 군집으로 모이면서 복잡해지면, 그 때문에 여러 가지 현상들이 생기게 돼요. 이게 바로 창발성입니다. 생태계에서 일어나는 한 가지 현상이 여러 가지 효과를 일으키는 것도 이걸로 설명할 수 있어요.

어렵나요? 다른 예를 들어 볼게요. 여기 무궁화나무 한 그루가 있습니다. 꽃이 피었으니 벌이 날아오겠지요? 벌은 무궁화의 수정을 도울 거예요. 한편으로는 무궁화나무에 진딧물이 생길 거고, 이 진딧물이 무당벌레를 불러들이게 됩니다. 무당벌레가 진딧물을 좋아하거든요. 하지만 개미도 진딧물을 좋아해요. 진딧물이 만드는 달콤한 설탕물을 얻을 수 있기 때문이지요. 무당벌레는 진딧물을 먹고 살고, 개미는 진딧물을 키우면서 살고, 무당벌레가 개미랑 싸우게 되고…. 점점 거대한 일이 일어나는 게 느껴지나요? 단지 무궁화나무 한 그루가 있었을 뿐인데 말이에요. 이것이 바로 생명체의 창발성입니다.

이 창발성 때문에, 생태계 어느 한 곳에 생채기가 생기면 전 지구가 영향을 받습니다. 호주의 어느 곳은 무척 건조해서 산불이 나는데, 말레이시아에는 폭우가 너무 오래 내려 정글이 무너지거나 강이 범람해서 근처에 살던 야생 동물이 죽는 등등, 우리가 생각할 수 있는 것보다 더 많은 일들이 전 세계에서 한꺼번에 벌어질 수 있어요. 문제는 생태계에 자꾸 생채기가 생긴다는 사실입니다. 그중 대부분은 인간의 활동 때문에 생기고요. 우리가 살아가는 이 생태계, 지구에 생채기가 생기면 생길수록 그 피해는 더욱 커져서 마침내 걷잡을 수 없게 될 거예요.

이것만은 알아 두세요

1. 세포는 생명체의 기본 단위

2. 세포 → 조직 → 기관 → 개체 → 개체군 → 군집 → 생태계

3. 식물은 조직계, 동물은 기관계가 있다.

4. 생명체가 모여서 상호 작용을 하여 더 많은 효과가 생기는 것을 창발성이라고
   한다.

풀어 볼까? 문제!

1. 동물의 기관계에 속하는 기관을 말해 보자.

기관계	기관
소화 기관계	
순환 기관계	
호흡 기관계	
배설 기관계	

2. 동물과 식물의 구성 단계를 차례로 써 보자.

동물   →   →   →   →

식물   →   →   →   →

정답

1.

기관계	기관
소화 기관계	위, 간, 소장, 대장 등
순환 기관계	심장, 동맥, 정맥
호흡 기관계	폐, 기관, 입, 코
배설 기관계	콩팥, 요도, 방광, 오줌관

2. **동물** 세포 → 조직 →   기관 → 기관계 → 개체

    식물 세포 → 조직 → 조직계 → 기관 →   개체

2. 생물의 분류

분류, 같은 것과 다른 것의 구분

청소를 할 때 같은 물건끼리 모아 놓으면 나중에 쓰기도 좋고 정갈해 보입니다. 이건 물건뿐 아니라 생명체도 마찬가지예요. 아! 그렇다고 생명체를 쓰기 좋게 같은 것끼리 묶어 놓는다는 것은 아니고요. 비슷한 생명체끼리 같은 모음으로 구분한다는 뜻이에요. 으응? 근데, 왜 그러는 거죠?

어떤 특징을 기준으로 같은 것과 다른 것을 나누는 일을 분류라고 합니다. 기준을 만족하는 것끼리 한 묶음으로 묶으면 그 집단 안에 있는 모든 생명체가 같은 특징을 갖게 되겠지요? 이때 분류하는 기준은 여러 가지가 될 수 있어요. 육지 생물, 바다 생물처럼 사는 곳에 따라 나눌 수도 있고 생김새에 따라 나누기도 합니다. 인간에게 도움이 되느냐 되지 않느냐가

기준이 될 수도 있는데, 예를 들자면 식용 버섯과 독버섯을 구분하는 것과 같아요.

자, 여기까지 읽었으면 진짜 분류를 하러 밖으로 나가 볼까요? 우리가 초등학교 때 배운 잎맥의 모양을 기억할 거예요. 나란히맥과 그물맥이 어떻게 생겼는지 기억하죠? 등교하는 길을 따라 5분 동안 걸어갔다 오면서 나란히맥을 가진 풀과 그물맥을 가진 풀을 몇 종류나 발견했는지 세어 봅시다. 물론, 5분 후엔 다시 이 책을 펴는 건 잊지 말고요.

잎맥을 비교해 보면 더 비슷하고 덜 비슷한 정도에 따라 식물의 잎을 분류할 수 있었어요. 생김새처럼 생물이 가진 고유의 특성으로 분류를 하면, 어떤 생물이 어떤 생물과 가깝고 먼지 알 수 있어요. 생물의 멀고 가까운 정도를 **유연 관계**라고 해요. 이 점을 이용하면 새롭게 발견한 생물이 어떤 생물의 무리에 들어가는지도 밝혀낼 수 있겠죠? 생김새, 먹고사는

것, 생활 환경 모두 분류의 기준이 될 수 있어요, 여기에 더해서 현대에는 유전자 정보도 분류의 기준이 됩니다.

린네에서 시작된 생물의 분류

무척 인자한 얼굴로 꽃과 책을 들고 있는 식물학자이자 과학자인 린네(Carolus Linnaeus)에 대해 들어 본 적 있나요? 린네는 스웨덴의 웁살라대학교 의학부에서 공부했는데, 당시에는 식물에 대한 공부가 의학과 매우 밀접하게 다뤄졌다고 해요. 어쨌든 린네는 내과 의사였지만 식물학자로 더

린네 이전   린네의 이름을 따르자

유명합니다.

린네 이전에는 식물의 이름을 공식화하지 않은 경우가 많았어요. 예를 들어 우리 동네에서 '코스모스'라고 불리는 꽃이 부산에서는 '엘리스', 제 주도에서는 '그레이스'라고 불리는 식이었지요. 짧으면 그나마 좋은데, 발견하는 사람이 다르니 새로운 꽃을 발견할 때마다 각양각색으로 점점 이름을 더 많이 넣어 길고 복잡해졌습니다.

그래서 린네는 이름을 공식적으로 딱 두 마디로 붙이도록 결정했어요. 그리고 언어에 따라 변하지 않도록 고대의 언어, 라틴어로 이름을 붙였지요. 식물이 변하지 않는 자신의 이름을 갖게 된 건 모두 린네 덕분이에요.

분류의 체계가 만들어지기까지

처음 린네가 제안한 것은 **동물계**와 **식물계**예요. 움직이면 동물, 움직이지 않으면 식물로 결정했어요. 매우 쉽죠? 그런데 현미경이 발명되면서 생물의 분류에 약간의 문제가 생겼어요. 식물은 아닌데, 그렇다고 동물도 아닌 매우 작은 미생물을 관찰할 수 있게 되었거든요. 이 미생물을 어떻게 하면 좋을까요? 헤켈(Ernst Heinrich Haeckel)이라는 과학자는 식물계와 동물계에 더해서 **원생생물계**를 제안하였습니다. 현미경으로 발견할 수 있는 조그만 생물을 모두 원생생물로 생각한 거예요. 몸에 털이 많아서 이름 지어진 짚신벌레나 그 유명한 아메바가 여기에 속합니다. 이때는 세균도 여기에 속했어요.

20세기에 들어 상황은 더 복잡해졌습니다. 움직이지 않아서 식물로 분

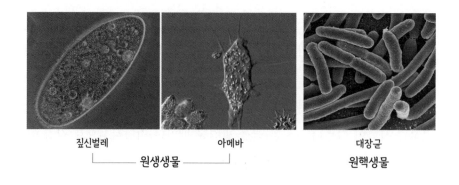

짚신벌레　　　아메바　　　　　대장균
└─────원생생물─────┘　　　원핵생물

류했던 버섯이 광합성을 하지 않는다는 걸 발견하게 되었거든요. 식물이라면 당연히 광합성을 해야 하는데 말이죠.

　게다가 그냥 미생물인 줄 알았던 세균은 원생생물로 분류하기엔 너무 단순했죠. 짚신벌레나 아메바에는 핵이 있는데, 세균에는 핵이 없었거든요. 핵은 세포 안에서 유전 정보를 담는 주머니와 같기 때문에, 핵이 있는지 없는지가 매우 중요합니다. 이를 어쩌나… 세균을 원생생물로 넣기엔 너무 다르다는 걸 뒤늦게 알게 된 거예요. 그러자 휘태커(Robert Harding Whittaker)라는 과학자는 세균을 따로 떼어 핵이 만들어지기 전의 생물이라는 뜻으로 **원핵생물계**를 만들고, 더 이상 식물에 포함시킬 수 없는 버섯이 포함되는 **균계**를 새롭게 만들어 식물, 동물, 원생생물의 3계에 포함해 5계를 제안하게 되었어요.

　20세기 후반, 유전 정보를 알아내어 비교하게 되면서부터 분류는 더 혼란스러워졌어요. 세균 중에서 어떤 것은 다른 세균들보다 인간이나 식물, 동물 같은 복잡한 생명체들과 더 비슷하다는 걸 발견했거든요. 생긴 건 세균인데, 유전 정보는 오히려 우리 인간들과 더 비슷하다니…. 이것들을 세균이라고 해야 할까요, 말아야 할까요? 과학자들도 고민을 엄청 많이 했

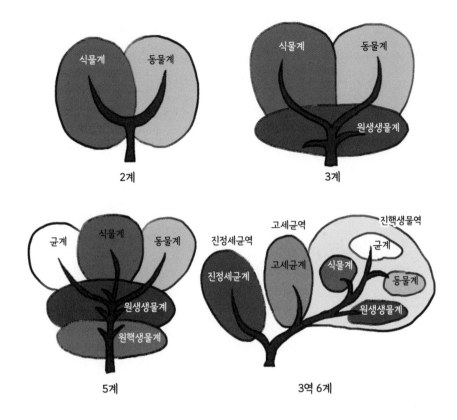

을 겁니다.

그때 우즈(Carl Woese)라는 과학자가 이런 고민을 모아 계보다 훨씬 큰 **역(domain)**을 제안했어요. 역은 총 3개로 나누었죠. 형태는 세균이지만 DNA는 진핵생물과 닮은 **고세균역**, 유전 정보를 세포 속에 핵이라는 주머니에 담아 놓은 **진핵생물역**, 핵 없이 유전 정보가 세포 속에 몽땅 들어 있는 **진정세균역**으로 나누어집니다.

계의 이름이 어렵고 복잡하지요? 그것은 매우 오랫동안 과학자들이 생물을 체계적으로 구분하고 그 특징을 관찰하기 위해 고민했다는 뜻이기도 해요. 또 한 가지 중요한 사실은, 과학은 발달하면서 자꾸 변한다는 겁니다. 린네가 제안한 식물계와 동물계가 기술이 발달하면서 정교하게 관찰되고, 그로 인해 더욱 세세하게 나누어진 것처럼요. 과학은 한두 사람의 업적으로 만들어지는 것이 아니라는 사실을 생물의 분류를 통해서도 알 수 있어요. 그럼, 다음 장에서는 5개의 계가 어떤 특징을 갖는지 알아 보기로 해요.

이것만은 알아 두세요

1. 분류의 체계는 점차 세분화되었다.
2. 현재 분류는 3역 6계 체계를 사용한다.

풀어 볼까? 문제!

1. 아래의 생물들은 어느 계에 속하는 생물일까요?

짚신벌레	대장균	버섯	무당벌레
계	계	계	계

정답

1.

짚신벌레	대장균	버섯	무당벌레
원생생물계	**원핵생물**계	**균**계	**동물**계

3. 종과 분류 체계

그 유명한 종속과목강문계, 생물의 분류 단계

구글 위성 지도로 우리 집을 찾아본 적이 있나요? 구글 위성 지도로 장소를 검색하면 지구에서 시작된 화면이 점점 확대되어 우리 집을 찾는 것을 볼 수 있어요. 생물도 마찬가지로 큰 범위를 구분하고, 그보다 더 작은 범위로 점점 세심하게 분류해 나가요. 어떻게 계에서 시작해서 점점 세세한 분류 단위인 종까지 나누는지 한번 알아볼까요?

가장 큰 범위는 계(界, kingdom)입니다. 현재 과학자들이 사용하는 계는 움직이는 생물인 동물계, 움직이지 않고 광합성을 하는 생물인 식물계, 버섯이 포함되는 균계, 핵은 있지만 단세포 생물인 원생생물계, 세균이 포함되는 원핵생물계로 나누어요.

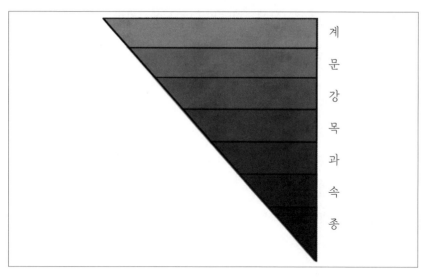

계
문
강
목
과
속
종

생물의 체계

　'계'의 하위 단계로 문, 강, 목, 과, 속, 종이 있어요. 동물계에 속하는 고양이를 예로 들어 생물의 분류 체계를 알아 볼게요.

동물**계** > 척삭동물**문** > 포유**강** > 식육**목** > 고양잇**과** > 고양이**속** > 고양이

　고양이는 동물계에 속하는 생물이에요. 계 다음은 문(門, phylum)이고요. 인간도 그렇지만 고양이도 등뼈를 가지고 있는데, 이 등뼈는 척삭이라는 구조가 변한 거예요. 척삭이 있는지 없는지는 중요한 분류 기준인데, 척삭이 있기 때문에 고양이는 척삭동물문에 속하게 됩니다.

　강(綱, class)은 우리가 '~류'라고 부르는 것들이 들어가 있어요. 개구리

를 양서류라고 하지요? 양서류와 같은 말이 양서강이에요. 파충류 하면 떠오르는 생물은 무엇이 있나요? 뱀, 악어 같은 것들이 파충강에 속해요. 인간이나 고양이, 개는 젖을 먹여 키운다고 해서 포유류라고 불러요. 포유류는 포유강과 같은 말이에요.

다음 단계는 목(目, order)이에요. 고양이는 원래 육식을 하는 동물이에요. 그래서 식육목에 속합니다. 목의 하위 단계인 과(科, family)는 영어 이름에서도 알 수 있듯이 생김새도 그렇고 특성도 매우 비슷한 정도에 이르게 돼요. 식육목에는 고양이, 개, 바다코끼리, 족제비 등 생김새가 많이 다른 것들도 포함되지만, '과' 단계에서는 이들이 다 달라집니다. 개는 갯과, 족제비는 족제빗과에 들어가거든요. 고양이는 이 중에서도 고양잇과에 속하게 되지요. 고양잇과의 특성은 무엇이 있을까요? 맞아요! 발톱을 감췄다가 꺼낼 수 있다든가, 점프를 잘할 수 있는 능력은 고양잇과에 속하는 사자, 호랑이, 고양이들이 가지는 특성입니다.

속(屬, genus)은 우리가 부르는 동물의 이름이에요. 고양이는 고양이속에 속해요. 동물계 척삭동물문 포유강 식육목 고양잇과 고양이속에 속하는 고양이는 종도 고양이입니다. 드디어 도착했어요. 생물을 구분하는 가장 세세한 단위, 바로 종(種, species)입니다. 생김새와 생활 방식이 비슷하고, 자연 상태에서 짝짓기를 해서 얻은 자손이 자손을 만들 수 있을 때 종이라고 불러요.

생물의 체계가 참 복잡하지요? 이것은 지구상에 많은 생물들이 살고 있고, 오랜 시간 동안 다양해졌다는 증거이기도 해요.

종속과목강문계

5계의 특징

　원핵생물계와 다른 생물계와의 가장 큰 차이점은 **핵**이 있느냐 없느냐 입니다. 핵이 없는 생물은 원핵생물, 핵이 있는 생물은 **진핵생물**이라고 불러요. 원핵생물은 세포 하나로 이루어진 단세포 생물이고 세균이 포함됩니다. 우리가 알고 있는 유산균, 대장균 등 세균이 여기에 속하지요. 이 생물들은 **세포막** 밖에 **세포벽**을 가지고 있어요.

| 대장균 | 포도상구균 | 살모넬라균 |

원핵생물계

　원생생물은 참 애매한 종류예요. **단세포**이기도 하고 **다세포**이기도 하고요. 움직이는 것이 있는가 하면 광합성을 하는 생물도 있고요. 분명한 건핵이 있는 진핵 세포라는 것입니다. 그렇지만 몸속에 신경 조직이나 소화기관 같은 복잡한 것이 없는 생물이기도 해요. 식물로 착각하기 쉬운 미역, 김이 여기에 속하고, 앞서 말한 아메바, 짚신벌레, 요즘 건강 식품으로도 많이 먹는 클로렐라도 여기에 속해요.

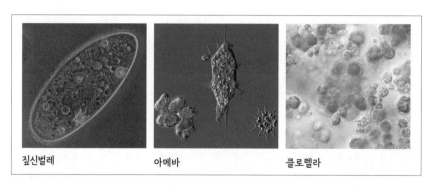

짚신벌레 　　　 아메바 　　　 클로렐라

원생생물계

　균계에는 버섯과 곰팡이가 속해요. 핵을 가지고 있는 진핵생물인데 움직이지 못하니까 동물은 아니고, 세포벽은 있는데 광합성을 못 하니까 식물도 아니지요. 균계의 버섯이나 곰팡이는 실처럼 생긴 균사로 이루어져 있는데, 이들은 생태계에서 물질을 분해해 사체나 배설물이 썩을 수 있도록 만듭니다. 우리가 먹는 송이버섯, 팽이버섯, 빵 만들 때 쓰는 효모가 포함돼요.

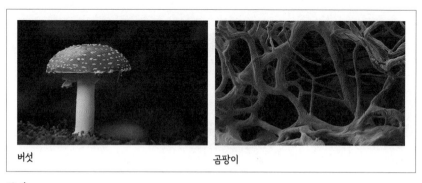

버섯 　　　　　 곰팡이

균계

우리 주변에 있는 녹색 생물, 바로 **식물계**입니다. 식물은 세포벽을 가지고 있어서 세포의 모양이 각진 형태이고, 엽록체가 있어서 광합성을 할 수 있어요. 엽록체는 엽록소라는 색소가 담긴 주머니예요. 느티나무, 장미뿐 아니라 나물로 먹는 고사리, 이끼도 식물에 속합니다.

| 고사리 | 해바라기 | 자작나무 |

식물계

동물계는 움직일 수 있으며 다른 생물을 먹고 사는 생물들의 모임이에요. 핵을 가진 진핵 세포의 모임으로 이루어져 있고, 세포들이 모여 만드는 조직이나 기관, 기관계가 매우 잘 발달해 있지요.

| 늑대 | 오리 | 오랑우탄 |

동물계

생물을 '계' 수준에서 분리한 기준을 정리해 볼까요? 핵이 없으면 원핵생물계에 속하는 생물이에요. 핵이 있는 생물 중 가장 간단한 생물은 원생생물인데, 대개 하나의 세포로 이루어져 있습니다.

균계, 식물계, 동물계에 포함되는 생물은 원생생물과 달리 다세포 생물이에요. 균류는 엽록소가 없어 다른 생물의 사체나 배출물을 분해해서 양분을 얻는 생물이죠. 식물은 엽록소가 있어 광합성을 할 수 있고, 스스로 양분을 얻어 살아갑니다. 동물은 스스로 양분을 만들 수 없기 때문에 다른 생물을 먹고 살아요.

지구상의 수많은 생물을 5개의 큰 묶음으로 나눌 수 있다는 게 참 신기하네요. 우리 주변에서 볼 수 있는 생물은 무슨 계에 속할까요? 찾아보는 것도 재미있을 거예요.

이것만은 알아 두세요

1. 종-속-과-목-강-문-계로 갈수록 범위가 커진다.
2. 각 분류는 고유의 특성이 있다.
3. 원핵생물계에는 세균이 포함된다.
4. 원생생물계는 진핵생물인 단세포 생물이 대부분이다.
5. 균계에는 버섯과 곰팡이가 포함된다.
6. 식물계는 광합성을 한다.
7. 동물계는 운동성이 있다.

풀어 볼까? 문제!

1. 다음의 생물이 어디에 속하는지 5계 분류를 이용해서 구분해 보자.

> 고사리, 송사리, 살모넬라, 미역, 갈치, 개, 고양이

2. 고양이를 분류해 보자.

정답

1. 식물: 고사리   동물: 송사리, 갈치, 개, 고양이

   원핵생물: 살모넬라   원생생물: 미역

2. 동물계 - 척삭동물문 - 포유강 - 식육목 - 고양잇과 - 고양이속 - 고양이

4. 생물의 다양성과 보전

똑같은 제비꽃이 아니라고~!

간도제비꽃, 민둥제비꽃, 낚시제비꽃, 호제비꽃, 각시제비꽃, 콩제비꽃, 뫼제비꽃, 졸방제비꽃, 벌레잡이제비꽃, 섬제비꽃, 왕제비꽃…. 이 많은 제비꽃 중에서 여러분은 몇 종류나 알고 있나요? 이름만 들어 본 것도, 이름을 처음 들어 본 것도 많을 거예요. 제비꽃만 하더라도 이렇게 종이 많은데 서로 종이 다른 생물들은 얼마나 많을까요? 맞아요. 우리가 평생 한 번도 못 본 생물도, 늘 가까이 있는 생물도 엄청나게 많을 겁니다. 하지만 이름을 댈 수 있는 생물은 아마 50개를 넘기기 힘들 거예요. 믿기 어렵다면 친구랑 한번 해 보기! 준비, 시~작!

| 노랑제비꽃 | 호제비꽃 | 아프리카제비꽃 |

다양한 종을 가진 제비꽃

생물 다양성? 그게 뭘까?

어때요? 우리가 알고 있는 것이 너무 적지 않나요? 지구의 생물 다양성에 비해 우리가 너무 모른다는 생각이 듭니다. 지구에 다양한 생물이 존재한다는 것을 **생물 다양성**이라고 해요. 지구의 생물 다양성을 지켜야 한다는 의미로 1992년 UN에서 생물 다양성 협약을 발표하고, 2000년부터는 협약이 발표된 5월 22일을 '생물 다양성의 날'로 지정했어요.

생물 다양성은 유전자 다양성, 종 다양성, 생태계 다양성이 포함된 단어예요. 단순히 생물이 많다는 뜻이 아니라 육상과 해상, 수중 생태계와 모든 분야의 생물체 간의 변이를 포함하는 말이죠. 이 모든 것이 다양해야 생물 다양성을 유지할 수 있다는 뜻이기도 합니다. 그럼 하나씩 살펴볼까요?

생물 다양성 = 유전자 다양성+종 다양성+생태계 다양성

같은 종이지만 다 달라! - 유전자 다양성

같은 제비꽃이지만 모양이 다 다른 것을 **변이**라고 해요. 변이는 같은 종 안에서 발견되는 여러 가지 형태를 말합니다. 제비꽃도 꽃의 크기나 색, 잎의 크기, 잎의 배치 등 하나의 특성에 대해 여러 가지 변이가 나타나지요. 그런데 변이는 왜 나타나는 걸까요? 제비꽃이 가진 유전자, 여기에 비밀이 숨어 있어요.

유전자는 내가 어떻게 생길지 결정하는 내 몸의 지도입니다. 모든 생물이 다 가지고 있죠. 우리 인간은 '핵'이라는 주머니 속에 있는 유전 물질에 기록되어 있습니다. 인간처럼 부모가 있는 생물의 경우 어머니의 유전자와 아버지의 유전자를 받게 되는데, 이때 여러 가지 조합이 생길 수 있어서 표현되는 변이도 다양해질 수 있어요. 색깔을 예로 들어 설명해 볼게요.

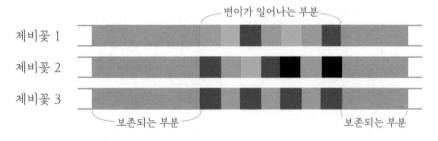

변이가 일어나는 부분

제비꽃 1

제비꽃 2

제비꽃 3

보존되는 부분   보존되는 부분

제비꽃 유전자가 이렇게 생겼다면

제비꽃 1, 2, 3의 유전자를 색으로 표현했더니 똑같은 위치에 초록색으로 나타나는 부분이 있었어요. 또 다른 부분은 다른 색으로 표시되었고요. 자, 이 그림을 해석해 볼까요?

초록색인 부분은 모든 제비꽃이 갖는 유전자니까, 제비꽃이라면 가져야 할 유전자라는 뜻이에요. 다른 색으로 표시된다는 것은 다른 유전자라는 뜻이고요.

제비꽃 1과 2를 비교해 봅시다. 회색 한 칸은 겹치지만 나머지는 다 다르게 나타나네요. 특히 제비꽃 2에만 나타나는 검은색 유전자도 있고요. 제비꽃 1과 3을 비교하면 회색 두 칸과 카키색 두 칸이 겹치고요, 제비꽃 2와 3을 비교하면 회색 두 칸, 카키색 한 칸이 겹칩니다. 일부 겹치는 것이 있지만 세 제비꽃 모두 다른 유전자를 가지기 때문에 변이가 나타나게 됩니다. 제비꽃 3만 있을 때는 초록색, 카키색, 회색 유전자만 있었는데, 제비꽃 1이 있으면 연두색 유전자, 제비꽃 2가 있으면 검은색 유전자도 가지게 되지요. 제비꽃 3만 있을 때보다 유전자가 많아졌습니다. 유전자가 다양해지면 더욱 다양한 조합이 생길 수 있어 변이도 다양해질 거예요. 이것을 유전자 다양성이라고 합니다. 앞에서 말했던 개체군 안에서의 다양성이 바로 **유전자 다양성**에 해당하지요.

유전자 다양성이 높은 생물은 환경의 변화에 적응하기가 유리해요. 왜 그러냐고요? 생물은 여러 환경에 살아요. 춥거나 덥고, 습하거나 건조하기도 하고요. 또한, 모래가 많은 곳이 있는가 하면 어떤 곳은 진흙이 많기도 해요. 생명체의 유전자 다양성이 높으면 변이가 많습니다. 변이 중 어떤 특징은 건조한 데서 잘 살아남고, 어떤 변이는 모래가 많은 데에서 잘 살아 자손을 남기기 쉽겠지요.

가장 유명한 여우의 예를 들어 볼게요. 북극에 사는 북극여우와 사막에 사는 사막여우를 비교해 봅시다.

북극여우

사막여우

같은 여우인데 생긴 모습이 다르죠? 여우의 귀와 몸통의 모양이 환경의 변화에 따라 다양하게 나타납니다. 북극에 사는 북극여우는 귀가 작고 몸집이 커요. 귀처럼 몸의 끝부분이 작아지면 몸에서 만든 열을 최대한 보온할 수 있어요. 반면, 저위도에 사는 사막여우는 몸 자체가 작고 귀도 커서 몸에서 만들어진 열을 밖으로 쉽게 내보낼 수 있어요.

세상에 이렇게 많은 생물이! - 종 다양성

생물 다양성을 유지하기 위해 중요한 것들 중에 종 다양성이라는 개념이 있습니다. 이 종 다양성은 여러 생물 종이 모여 있다는 뜻이에요. 생물 다섯 종으로 구성된 생태계보다 생물 스무 종으로 구성된 생태계가 더 안정하다는 말이죠. A숲과 B숲을 예로 들어 설명해 볼게요. A숲에는 나무가 30그루 있어요. 종류는 3종이고요. B숲도 나무가 30그루 있어요. 그런데 종류가 8종이에요. 다음 그림처럼 말이지요.

그런데 A숲보다 B숲에서 다양한 새가 더 많이 발견되었습니다. 왜 그럴까요? 숲은 새에게 먹이와 둥지 지을 장소와 재료를 제공해 주는데, B숲의 나무의 종류가 더 많아서 먹이인 애벌레나 씨앗이 다양하기 때문입니다. 모여드는 새가 더 많으니 짝을 만나 자손을 낳을 가능성도 더 높아질 거예

A숲: 30그루 3종

B 숲: 30그루 8종

요. 덩달아 배설물이나 사체도 많으니 여기에 사는 세균이나 버섯도 늘어나 더욱더 다양한 생물들이 모여들게 될 겁니다.

종 다양성은 여러 종들의 모임인 군집 안에서의 다양성을 의미해요. 종 다양성이 높아지면 생물의 먹고 먹히는 관계가 복잡해져 안정적으로 유지될 수 있어요.

사막에도 생태계가 있다고? - 생태계 다양성

지구상에는 다양한 생태계가 있어요. 생태계도 생물 다양성에 영향을 미치지요. 우리나라만 하더라도 강 생태계, 습지 생태계, 산림 생태계 등 환경에 따라 다양한 생태계가 있어요. 따라서 그 지역에서만 볼 수 있는 생물이 있지요.

생태계는 전 지구적으로 기후 조건과 환경에 따라 다양하게 형성됩니다. 적도 근처에 있는 보르네오섬은 온도가 높고 비가 많이 와서 열대 우림 생태계가 있어요. 이곳에는 오랑우탄을 비롯한 특유의 생물이 살고 있지요.

시베리아에는 툰드라가 있어요. 이 지역은 일 년 내내 땅도 녹지 않고 비도 잘 오지 않기 때문에, 나무가 없고 키가 작은 풀이나 이끼들만 많이 살아요. 생물이 살기 어려운 환경이지만 나름의 생태계가 있는 거예요. 사막이라고 하면 모래사막을 주로 생각하겠지만 암석사막, 자갈사막도 있어요. 사막 생태계는 건조하고 일교차가 큽니다. 식물이 자라기 매우 어려운 환경이지요. 하지만 이곳의 식물들은 비가 오면 갑자기 꽃을 피우고 열매를 맺어요. 껍질이 딱딱한 곤충이나 거미, 전갈, 거북 같은 파충류와 쥐 같은 포유류도 살고요.

열대 우림 생태계　　　　　　사막 생태계

　지구상에 다양한 생태계가 있는 것을 **생태계 다양성**이라고 해요. 생태계가 다양하게 유지되어야 그 환경에서 생활하는 생물들이 터전을 삼고 살 수 있겠지요.

생물 다양성에 위기가! 한국의 시간은 9시 46분!

　생물 다양성은 유전자 다양성, 생태계 다양성, 종 다양성이 모두 합쳐진 말이에요. 이 생물 다양성은 왜 보존되어야 할까요? 가장 크게는 생물 다양성이 보존되지 않으면 인간이 살기 어렵기 때문입니다. 최근 기후 변화가 빨라지면서 빙하가 녹는다거나 물고기가 떼죽음을 당했다는 등 생물 다양성이 위협받고 있는 현상들을 뉴스에서 종종 봤을 거예요. 인간은 먹고사는 문제를 다른 생물에 의존하기 때문에 환경이 좋지 않으면 사람에게도 병이 생깁니다. 우리의 식량, 건강 문제 모두가 생물 다양성과 연결되어 있어요.

우리나라 환경 위기 시각(2019년)

물론 우리가 필요한 자원을 얻는 것도 있지만, 생물 다양성이 유지되어야 생태계가 더 안정될 수 있다는 이유도 있어요. 생태계가 한 줄의 먹이 사슬로만 이루어져 있다면, 중간에 한 종이 없어지거나 많아졌을 때 생태계 전체가 큰 타격을 받게 돼요. 멸종과 직결될 수 있죠. 그러나 여러 종이 그물처럼 복잡하게 얽혀 있다면, 일부 생물의 수가 변해도 생태계는 유지될 거예요.

생물 다양성은 생태계를 구성하는 생물과 환경이 서로 영향을 주고받기 때문에 지구 환경 보전에도 큰일을 해요. 열대 우림이 광합성을 해서 지구에 산소를 공급하는 것이 그 예라고 할 수 있지요.

환경재단은 2019년 우리나라의 환경 위기 시각을 9시 46분으로 발표했습니다. '환경 위기 시각'이란 기후 변화, 생물 다양성, 토양 변화, 화학 물질, 수자원, 인구, 식량, 소비 습관, 환경 정책의 9가지 평가 항목에서 얼마나 위험한지를 시각으로 나타낸 자료입니다. 이때 9~12시는 위험 수준을 나타내고, 12시에 가까울수록 환경에 대한 불안감이 높아진다는 것을 의미하죠. 우리나라는 특히 기후 변화 10시 1분, 소비 습관 9시 53분, 생물 다양성 10시 25분으로 나타났어요.

1992년 첫 번째 조사에서 세계 환경 위기 시각은 7시 49분이었어요. 30년이 채 되지 않은 시간 동안 2시간이 흘러갔고, 12시가 되기까지 우리에겐 2시간 조금 넘게 남았네요.

지구는 우리만 사는 공간이 아니지요. 선조들이 살고 우리에게 물려준 것처럼 우리도 후손들에게 물려줘야 할 공간이에요. 이들이 살 수 있게 만들어 주는 게 현재를 살아가는 세계 시민으로서의 태도이자 미래의 후손들에게 선조로서 보일 수 있는 예의가 아닐까요?

이것만은 알아 두세요

1. 생물 다양성은 유전자 다양성, 종 다양성, 생태계 다양성을 포함한다.
2. 생물 다양성은 우리에게 매우 중요하고 보존해야 한다.

1. 개체 수가 크게 줄어들어 사라질 위기에 처한 생물종을 보호할 수 있는
   방법은 무엇인가?

2. 우리나라 고유 생물의 다양성을 높이는 방안은 무엇이 있을까?

정답

1. 멸종 위기종의 연구 조사
   생물 다양성 보전을 위한 국제적 협약 및 공동의 노력
   생태계를 보전할 수 있도록 규제 강화
2. 종자 은행 운영, 그린벨트 설치, 생물 종 조사

Part 2. **식물의 에너지**

아기 엽록체

엄마~ 애들이 내 얼굴 녹색이라고 놀렸어.
ㅜㅜ

왜? 녹색인 게 어때서?

 아기 엽록체

자기들은 얼굴이 빨갛고 노랗고 해서 예쁜
데 나는 녹색이라 안 예쁘대.

그래서 속상했어?

 아기 엽록체

아니, 나는 눈 안 아픈 색이라
좋은 색이라고 그랬어.
엄마가 가르쳐 준 대로.

맞아, 맞아.

아기 엽록체

그랬더니 자기들끼리 눈 아프다고 막 그래.

그래, 이제 나가 놀아.

 아기 엽록체

신기하게 빛만 받으면 배가 안 고프다, 엄마.

나가기 전에 물 꼭 먹고 가.

 아기 엽록체

물 먹으면 땀 나는데 안 먹으면 안 돼?

그 땀 안 나면 큰일나.

"식물이 녹색인 이유는 엽록체 때문이에요. 엽록체는 식물이 광합성을 할 수 있도록 만드는 중요한 세포 소기관이죠. 엽록체가 가진 엽록소 때문에 식물이 녹색으로 보입니다. 그런데 아기 엽록체가 얼굴이 녹색이라 속상한가 봐요. 친구들은 알록달록한 예쁜 색을 띠는데 말이에요. 하지만 우리는 말해줄 수 있어요.

"아기 엽록체야, 너의 녹색은 지구를 먹여 살리는 소중한 녹색이란다."

1. 광합성

가성비 최고! 빛만 있으면 양분이 쑥쑥

생물 중에서 먹은 것이 적은데 하는 일은 많은 건 무엇일까요? 생물에 가성비를 따지기는 좀 그렇지만 문득 머릿속에 떠오르는 생물은, 단연코 식물이네요.

생물체의 몸에서 일어나는 화학 반응을 **물질대사**라고 해요. 물질대사는 무엇인가를 분해하는 반응과 합성하는 반응이 있는데, 그중 **광합성**은 빛을 이용해서 양분을 합성하는 반응으로, 오로지 녹색을 띠는 식물만 할 수 있어요. 광합성의 반응식을 봅시다.

| 광합성 | 이산화탄소 + 물 + 햇빛 에너지 → 포도당 + 산소 |

기체인 **이산화탄소**와 **산소**는 많이 들어봤을 거예요. **포도당**은 우리가 먹는 밥인 **녹말**을 구성하는 물질입니다. 포도당이 모여서 녹말이 되는 거죠. 광합성을 한마디로 말하자면, 태양 빛을 받아서 기체를 모아 포도당이라는 물질을 만드는 거예요. 대단하지 않나요?

양분을 만들어 내는 것 말고도 지구상에 사는 생물에게 광합성은 매우 중요해요. 식물이 광합성을 하지 않으면 태양이 보내주는 빛 에너지를 사용할 수 없거든요. 식물은 빛 에너지를 받아서 우리가 쓸 수 있는 형태인 화학 에너지로 바꾸는 일을 하죠. 숨을 쉬기 위해 필요한 산소를 만드는 일과 함께 이산화탄소도 줄여줍니다. 식물이라는 존재는 참 중요하지요?

식물이 광합성을 할 수 있는 건 녹색인 색소, **엽록소**가 있기 때문이에요. 엽록소가 담겨 있는 주머니를 **엽록체**라고 하는데, 아래 사진에서 동글

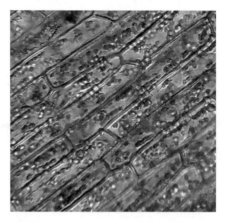

엽록체

동글한 주머니처럼 보이는 게 엽록체예요. 이 색소는 녹색식물만 가지고 있어서, 동물의 경우에는 광합성을 할 수 없죠. 아차, 유글레나라는 원생생물은 움직일 수 있지만 엽록체를 가지고 있어 광합성을 할 수 있어요.

식물의 몸을 이루는 기관은 뿌리, 줄기, 잎, 꽃이에요. 이 중 광합성을 제일 많이 하는 부분은 엽록체가 제일 많은 부분이겠죠? 바로 잎입니다.

잎의 구조

잎의 생김새를 찬찬히 살펴볼까요? 잎의 단면을 보면 아래 사진처럼 생겼어요.

사진과 그림에는 나타나지 않지만, 가장 위와 아래를 덮고 있는 얇은 막을 큐티클 층이라고 부릅니다. 손톱의 큐티클을 제거한다는 말을 들어본 적 있죠? **큐티클 층**은 세포가 아니고 세포 위에 있는 왁스 같은 물질인데,

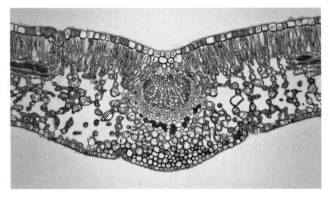

식물 잎 단면

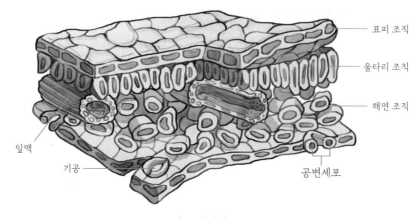

식물 잎 단면 구조

이게 얇게 발라져 있기 때문에 수분 손실을 방지할 수 있어요.

큐티클 층 아래 있는 투명한 세포는 표피 세포예요. 세포들이 많이 모여 있는 **표피 조직**이지요. 인간으로 치면 상피 조직에 해당해요. 맑고 투명하다는 건 엽록소가 없다는 뜻입니다. 엽록소가 없으니 광합성을 하지 않아요. 표피 조직은 식물의 내부를 보호하는데, 피부가 세균이나 여러 위험으로부터 우리를 보호하는 것과 같다고 보면 돼요.

표피 세포 아래쪽에 빽빽하게 있는 세포들은 마치 울타리가 서 있는 것

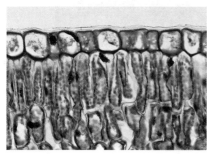

울타리 조직

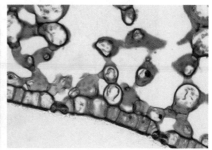

해면 조직

처럼 생겼다고 해서 **울타리 조직**이라고 불러요. 왼쪽 페이지의 〈울타리 조직〉 사진은 엽록체를 진하게 염색했을 때의 모습인데, 울타리 조직에 엽록체가 많은 게 보이죠? 이 부분이 광합성이 많이 일어나는 곳이에요.

잎 단면에서 울타리 조직을 찾았나요? 울타리 조직 아랫부분을 보면 세포들이 엉성하게 모인 부분이 있어요. 이 부분은 **해면 조직**이라고 불러요. 해면 조직에도 엽록체가 있어서 광합성이 일어나지만, 울타리 조직만큼은 아니에요. 또한, 세포와 세포 사이에 틈이 많죠? 이 틈이 이산화탄소나 산소가 들락거리는 길이 됩니다.

잎 단면 그림과 사진의 한가운데에는 물관과 체관이 있어요. 잎의 겉에서 보기엔 잎맥으로 보이는 부분이지요. 물관은 뿌리가 흡수한 물을 잎의 세포처럼 식물이 필요한 곳에 옮겨주고, 체관은 잎에서 만들어진 광합성 결과물을 운반하는 일을 합니다. 잎에서 물관은 위쪽에, 아래쪽에는 체관이 지나가요.

광합성은 대부분 잎에서 일어나지만, 다른 부분이 양분을 만들지 않는다는 말은 아닙니다. 식물체의 녹색인 부분, 혹은 색소를 가지고 있는 부분은 광합성을 할 수 있어요. 예를 들어, 무를 심었다가 무 끝이 땅 위로

나도 광합성 중이야~

볼록 나오면 원래는 흰색이던 부분이 녹색으로 바뀌거든요. 그곳에서도 엽록체가 생겨 광합성이 일어날 수 있어요.

햇빛을 줄 테니 광합성을 해라

龜何龜何 귀하귀하	거북아 거북아
首其現也 수이현야	머리를 내밀어라
若不現也 약불현야	내밀지 않으면
燔灼而喫也 번작이끽야	구워서 먹으리

저한테 왜 그러세요….

우리나라 고대 가요인 '구지가'는 거북이에게 머리를 내어놓지 않으면 구워 먹겠다고 말해요. 뭔가를 주고받는다는 뜻의 give and take인 것 같은데…. 주는 건 없이 내어놓기만 하라니 거북이 입장에서는 당황할 수밖에 없겠네요. 이런 위협은 아니지만, give and take는 식물에서도 찾을 수 있어요. 바로 광합성입니다. 광합성이 이루어지는 과정에서 어떤 물질을 받고, 어떤 물질을 만들어 내는지 알아 보기로 해요.

광합성에 필요한 물질, 하나 - 물

광합성   이산화탄소 + **물** + 빛 에너지 → 포도당 + 산소

옛날 사람들은 식물이 무얼 먹고 사는지 매우 궁금했어요. 입도 없는데 나무는 무럭무럭 자라니까요. 어떤 사람들은 흙을 먹고 산다고 생각했는데, 헬몬트(Johannes Baptista van Helmont)라는 벨기에의 과학자가 실험으로 그게 아니라는 걸 밝혀냈습니다.

헬몬트는 큰 화분에 흙을 넣고 2.75kg의 어린 버드나무를 심었어요. 화분의 윗부분을 판자로 덮어서 다른 것은 못 들어가게 막은 후에 빗물로만 키웠지요. 5년 후에 어떤 일이 일어났을까요? 아무것도 못 먹었으니 버드나무가 자라지 못했을까요? 아니면 정말 흙을 먹고 무럭무럭 자랐을까요?

5년 동안 버드나무는 무럭무럭 자랐어요. 3kg이 채 되지 않았던 나무는

헬몬트의 실험 - 식물은 무엇을 먹고 자라나?

70kg이 넘게 성장했지요. 그런데 나무가 큰 것에 비해 흙은 그대로 있어 보였습니다. 무게를 재었더니 애개, 줄어든 흙은 1kg이 채 안 됐어요.

나무가 흙을 먹고 컸다고 하기엔 줄어든 흙에 비해 많이 커버렸고, 뭔가 잡아먹었다고 하기엔 판으로 화분을 덮어놓아서 먹을 수 있는 게 없었죠. 그래서 헬몬트는 식물은 물만 먹고 자란다는 결론을 내렸습니다. 이 실험을 통해 헬몬트는 식물이 광합성을 하는 데 물이 필요하다는 걸 알려준 거예요.

광합성에 필요한 물질, 둘 - 이산화탄소

> **광합성** 이산화탄소 + 물 + 빛 에너지 → 포도당 + 산소

프리스틀리(Joseph Priestley)는 영국의 과학자이자 성직자이고 자연철학자이기도 해요. 산소를 발견한 것으로 유명한 사람입니다. 프리스틀리는 광합성에 대한 실험을 했어요. 처음엔 유리로 된 종 안에서 양초를 태우면 생기는 나쁜 공기를 발견했죠. 이 공기에 '나쁜 공기'라는 이름을 붙인 이유는, 종 안에 있는 양초를 태운 후에 생쥐를 넣었더니 생쥐가 질식했기 때문입니다. 그런데 유리종 속에 식물만 넣거나 쥐만 넣으면 모두 죽지만, 신기하게도 둘을 같이 넣었더니 생쥐가 좀 더 오래 사는 거예요. 그래서 프리스틀리는 녹색식물이 초를 태우거나 동물의 호흡으로 만들어지는 나쁜 공기를 신선한 공기로 바꾸는 능력이 있다고 설명했어요.

당시 프리스틀리는 아직 산소, 이산화탄소가 뭔지 몰랐기 때문에 생쥐를 죽게 만드는 공기를 '나쁜 공기', 살게 만드는 공기를 '신선한 공기'라고

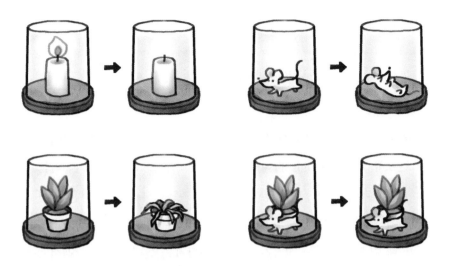

프리스틀리의 실험 - 나쁜 공기와 신선한 공기의 기능

이름 붙인 거예요. 그리고 "동물은 나쁜 공기를 만들고, 식물은 신선한 공기를 만든다. 식물은 나쁜 공기를 신선한 공기로 바꿀 수 있다."는 결론을 내게 됩니다.

프리스틀리의 결론이 어떻게 나온 건지 설명을 해 볼까요? 우리가 알고 있는 산소와 이산화탄소를 넣어서요.

생쥐만 넣은 유리종에서는 생쥐가 호흡을 해야 하니까 공기 중의 산소를 사용하고, 이산화탄소를 내뿜었을 겁니다. 결국 산소가 부족해서 질식했겠지요. 그런데 식물과 함께 넣으면 생쥐가 생성한 이산화탄소를 식물이 사용하고, 식물이 생성한 산소를 생쥐가 사용해서 조금 더 오래 살 수 있게 된 겁니다. 그러고 보니 이 실험은 광합성에 이산화탄소가 필요하다는 것뿐 아니라, 광합성의 결과로 산소가 나온다는 것도 알게 해 주었네요.

광합성에 필요한 에너지 - 빛

> **광합성** 이산화탄소 + 물 + **빛** 에너지 → 포도당 + 산소

광합성이라는 말 자체가 빛을 이용해 합성한다는 뜻이니까, 당연히 빛이 필요하겠지요. 이것을 밝혀낸 것은 잉겐하우스(Jan Ingen-Housz)라는 네덜란드의 과학자예요. 나쁜 공기를 발견한 프리스틀리의 실험은 빛이 있는 곳에서 해야 한다는 주의 사항을 밝히지 않아서, 이 실험을 다시 해 보았을 때 어떤 과학자는 성공하고 어떤 과학자는 실패했어요. 그래서 실험의 결과를 믿어도 되는지 의심도 많이 받았죠. 이때 잉겐하우스는 프리스틀리의 실험을 조금 바꾸어 다시 해 본 겁니다.

유리종 안에 식물과 생쥐를 같이 넣은 다음 한쪽 유리종은 햇빛이 비추는 곳에, 다른 유리종은 햇빛이 없는 곳에 두었어요. 한참 후 관찰해 보니 빛을 받은 유리종 안에 있는 생쥐는 프리스틀리의 실험처럼 좀 더 오래 살았지만, 빛을 받지 못한 유리종 안의 생쥐는 금방 질식했습니다. 이것을 보고 잉겐하우스는 신선한 공기를 만드는 데 빛이 필요하다는 것을 알게 되었지요.

헬몬트, 프리스틀리, 잉겐하우스의 실험을 통해 식물이 광합성을 하기 위해 이산화탄소와 물, 그리고 빛 에너지가 필요하다는 것을 알게 되었습니다. 그럼 광합성 식에서 화살표 오른편에 있는 포도당과 산소는 어떻게 알게 된 것일까요?

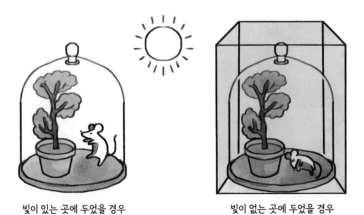

빛이 있는 곳에 두었을 경우   빛이 없는 곳에 두었을 경우

잉겐하우스의 실험 - 신선한 공기를 만들기 위해 빛이 필요하다

광합성으로 만들어지는 물질, 하나 - 산소

> **광합성** 이산화탄소 + 물 + 빛 에너지 → 포도당 + **산소**

프리스틀리와 잉겐하우스가 했던 유리종에 식물과 생쥐를 넣은 실험은 광합성을 하는 데 이산화탄소와 빛이 필요하다는 것을 알려주기도 했지만, 한편으로는 광합성의 결과로 산소가 발생했다는 증거를 나타내기도 해요. 생쥐가 그 기체를 마시고 살았으니까요. 물론 당시에는 산소나 이산화탄소라는 이름을 몰라서 완벽하게 설명할 수 없었다는 한계가 있었습니다. 어쩐지 믿기 어렵다고요? 이후에 소쉬르(Ferdinand de Saussure)라는 과학자가 한 실험을 했습니다. 밀폐된 공간 안의 식물이 광합성을 하면 산소의 비율은 높아지고 이산화탄소의 비율은 낮아진다는 걸 분석해서 직접 보여 주었죠.

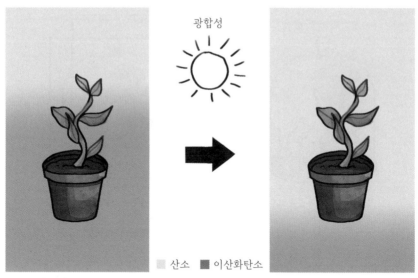

소쉬르의 실험 - 광합성 결과, 산소가 많아지고 이산화탄소가 줄어든다

광합성으로 만들어지는 물질, 둘 - 포도당

> **광합성** 이산화탄소 + 물 + 빛 에너지 → **포도당** + 산소

헬몬트가 한 실험에서도 버드나무는 광합성을 해서 무럭무럭 자라게 됩니다. 성장하는 데 필요한 물질을 합성했으니, 광합성을 통해 생명 활동에 필요한 물질을 만들어 낸다는 사실을 알게 됐죠. 포도당이 만들어지는 건 아이오딘 반응을 통해서도 알 수 있습니다. 아이오딘-아이오딘화 칼륨 용액은 본래는 갈색인데, 녹말을 만나면 청남색으로 바뀌는 성질을 가지고 있거든요. 실험을 순서대로 따라가 볼까요?

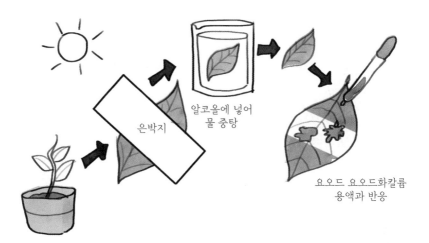

광합성 산물의 확인 - 아이오딘 반응

먼저, 잎의 가운데를 은박지로 포장한 후 광합성을 하도록 하루 정도 햇빛 아래에 놓아둡니다. 그런 다음 이 잎을 따서 은박지를 제거하고, 알코올에 넣어 물 중탕을 하면 알코올에 엽록소가 다 녹아 나와 잎이 하얗게 되지요. 하얗게 탈색된 잎에 아이오딘-아이오딘화 칼륨 용액을 떨어뜨리면 빛을 받아 광합성이 일어난 부분은 청남색으로 변해요.

아! 광합성을 하면 포도당이 만들어진다고 했는데, 왜 갑자기 녹말을 이야기하는지 궁금했지요? 녹말과 포도당은 같은 물질도 아닌데 말이에요. 이 관계는 100원짜리 동전과 5만 원짜리 지폐를 예로 이해하면 알기 쉽습니다. 5만 원짜리 지폐 한 장은 100원짜리 동전으로 바꾸면 자그마치 500개나 되죠. 동전 500개보다 지폐 한 장이 가지고 다니기는 쉽지만, 문구점에서 300원짜리 지우개를 하나 사려고 할 때는 100원짜리 동전이 훨씬 사용하기 편하겠지요? 식물도 마찬가지예요. 포도당을 100원짜리 동전, 녹말을 5만 원짜리 지폐라고 생각해 봅시다.

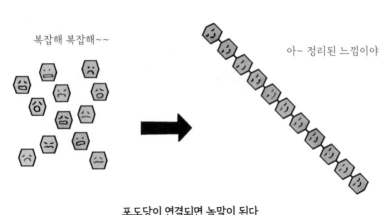

복잡해 복잡해~~

아~ 정리된 느낌이야

포도당이 연결되면 녹말이 된다

　식물이 광합성을 하면 포도당을 만들어요. 그런데 포도당은 100원짜리 동전처럼 필요할 때 사용하기에는 좋지만 저장하기에는 어려운 점이 있어요. 그래서 저장할 때는 녹말로 형태를 바꾸어 저장합니다. 포도당이 연결된 것이 녹말인데, 포도당이 10개가 연결되든 100개가 연결되든 녹말은 1개예요. 광합성을 통해 포도당을 많이 만들어서 녹말로 저장하는 거죠. 마치 100원짜리 동전 많이 모아서 5만 원으로 바꿔놓는 것처럼요. 저장된 녹말은 동물들이 먹이로 사용하는 것이고요.

　광합성을 하기 위해 물과 이산화탄소, 빛 에너지가 필요하다는 것, 광합성이 일어나면 산소와 포도당이 만들어진다는 사실을 이젠 잘 알겠지요? 그저 외우기엔 식물들이 너무 열심히 일하고 있다는 부분과 과학자들이 열심히 노력해서 알게 된 결과라는 점도 잊지 마세요.

광합성이 잘 일어나려면?

 라면이 잘 끓으려면 어떤 조건이 필요하죠? 빨래가 잘 마르려면요? 식물의 몸속에서 일어나는 광합성도 잘 일어나기 위한 조건이 있어요. 어떤 조건이 필요한지 하나씩 살펴 볼까요?

광합성을 일으키는 에너지 - 빛

 광합성은 빛 에너지를 포도당에 저장하는 화학 반응입니다. 빛이 세면 셀수록 광합성도 잘 일어나겠지요. 이건 실험으로 직접 확인할 수 있어요.
 먼저 여러분이 5학년 때 했던 실험을 기억해 봅시다. 빛을 주거나 주지 않고 콩나물을 키우거나, 물을 주거나 주지 않고 콩나물을 키운 실험을 기억하나요?
 햇빛을 비추면서 물을 준 콩나물과 햇빛을 주지 않고 물을 준 콩나물을 비교해 봅시다. 햇빛을 받은 콩나물은 떡잎이 녹색으로 변하고, 떡잎 사이에 본잎도 잘 자라고, 눈으로 봐도 튼튼해 보이지요. 빛을 받은 콩나물이 녹색으로 변했다는 건 잎이 광합성을 해서 양분을 합성하고, 더 튼튼하게 잘 자랐다는 뜻이겠죠. 빛을 받지 못한 콩나물은 햇빛을 찾기 위해서 키를 더 키웁니다. 그러나 광합성을 못 해서 자신이 가지고 있는 에너지만 가지고 키가 커야 하니 튼튼해 보이지 않는 것이고요.
 콩나물만 키워 봐도 식물이 잘 자라는 데 빛이 꼭 필요하다는 사실을 알 수 있어요. 그럼 빛이 세질수록 광합성이 잘 일어나는지 실험으로 확인해 봅시다. 시금치 잎에 빛을 비추어 광합성이 일어나도록 할 거예요. 광합성을 하면 뻐끔! 산소가 발생하는데, 광합성을 더 많이 하면 산소가 더

| 햇빛을 비추고
물을 준다 | 햇빛을 비추고
물을 주지 않는다 | 어둠상자를 씌우고
물을 준다 | 어둠상자를 씌우고
물을 주지 않는다 |

햇빛과 물을 주거나 주지 않는 콩나물 성장 실험

많이 발생하겠지요? 시금치에서 빛의 세기를 다르게 조절하여 광합성이
일어났을 때 산소 발생량이 어떻게 달라지는지 살펴볼까요?

① 시금치 잎을 어두운 곳에 두어, 예전에 광합성을 해서 만들어 둔 녹말이 모
두 사용되어 없어지도록 해요. 그리고 그 잎을 잎맥 부위를 피해 펀치로 잘
라 동그랗게 만들어요. 이 시금치 조각을 주사기에 3~4개 정도 넣습니다.

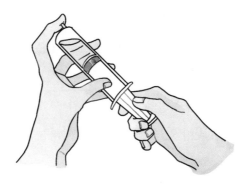

② 주사기에 1% 탄산수소나트륨 수용액을 넣어요. 탄산수소나트륨 수용액에 주사기를 세워 당기면 용액이 주사기로 들어갑니다. 이 용액은 시금치 잎이 광합성을 할 수 있도록 이산화탄소를 공급하는 역할을 하지요.

③ 용액을 다 넣은 후, 주사기 끝을 막고 피스톤을 조금 당기면 압력 때문에 잎 조각이 바닥에 가라앉게 됩니다. 이게 실험 준비 끝! 여기에 빛을 비추면 광합성을 할 수 있겠지요? 광합성을 해서 산소가 발생하면 잎이 떠오르게 될 거예요. 결과가 어떻게 될까요?

빛을 많이 받을수록 광합성도 잘하니까 산소도 많이 발생하고 빨리 떠 오르겠지요? 표를 보면, 우리의 예측대로 강한 빛을 받을수록 시금치 잎 이 떠오르는 시간이 짧아지네요. 이 실험을 통해서도 광합성이 잘 일어나 기 위해서는 강한 빛이 주어져야 한다는 걸 알 수 있습니다. 실제로 많은 식물들이 그늘보다 햇빛이 있는 곳에서 더 잘 자라는 걸 알 수 있어요.

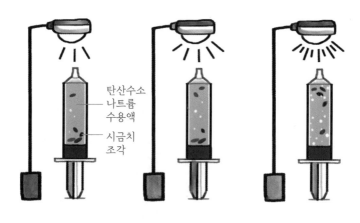

탄산수소
나트륨
수용액

시금치
조각

약한 빛	중간 빛	강한 빛
20분	12분	7분

잎이 떠오르는 데 걸린 시간

그래프를 보면, 빛의 세기가 세질수록 광합성량이 증가하는 걸 볼 수 있 습니다. 하지만 어느 정도 빛의 세기가 세어진 이후에는 빛의 세기가 세져 도 광합성량이 더이상 증가하지 않아요.

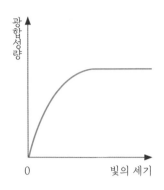

빛의 세기에 따른 광합성량

한편, 빛이 너무 강하면 엽록체는 햇빛을 덜 받는 쪽을 찾아가요. 몸을 세워서 빛을 받는 면적을 줄이기도 하고, 세포벽 구석으로 숨어서 빛을 덜 받으려고 하기도 하지요.

포도당이 재료 이산화탄소

포도당의 재료가 되는 이산화탄소. 이 역시 많을수록 광합성이 잘 일어나겠죠? 물론 빛과 물이 충분히 많다는 조건을 만족할 때 말이에요.

이것도 간단한 실험으로 확인할 수 있어요. 수조 두 개에 화분을 넣고 한쪽은 물을 담은 컵을, 한쪽은 수산화나트륨 수용액을 넣은 컵을 넣고 랩을 씌워 밀봉합니다. 자, 이제 생각해 봅시다. 어느 쪽 화분이 더 잘 자랄 수 있을까요?

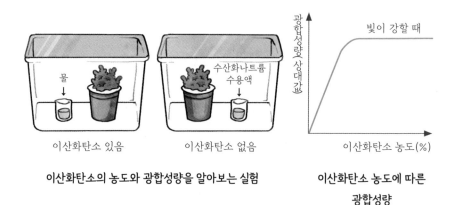

이산화탄소의 농도와 광합성량을 알아보는 실험 　　이산화탄소 농도에 따른 광합성량

수산화나트륨 수용액은 이산화탄소를 흡수하는 역할을 해요. 그러니까 물을 컵에 담은 쪽은 이산화탄소가 있고, 수산화나트륨 수용액이 있는 곳은 이산화탄소가 없는 곳으로 만들어 놓은 거예요. 이때 두 수조 중 이산화탄소가 없는 쪽은 광합성이 일어나지 않습니다. 그러니까 물을 담아놓은 컵이 있는 수조는 식물이 잘 자라지만, 수산화나트륨 수용액이 있는 쪽은 잘 자랄 수 없겠지요.

빛과 마찬가지로, 농도가 높아지면 높아질수록 광합성 양은 늘어납니다. 그러나 일정 정도가 넘어서면 아무리 이산화탄소의 농도가 높아져도 더 이상 광합성 양이 늘지 않아요.

반응이 잘 일어나는 조건 - 온도

식물도 우리와 마찬가지로 효소를 가지고 있어요. 온도가 높아지면 높아질수록 반응을 잘하지만, 너무 높아지면 효소가 망가져서 일을 할 수 없어요. 온도가 높아질 때 광합성이 어떻게 일어나는지 그래프로 볼까요?

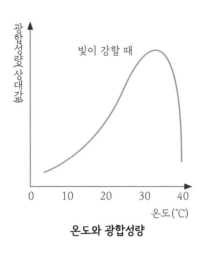

온도와 광합성량

광합성이 잘 일어나는 높은 온도 범위를 **최적 온도**라고 해요. 최적 온도가 될 때까지 온도가 높아질수록 광합성 속도도 높아집니다. 그런데 어느 정도가 되면 빛의 세기나 이산화탄소의 농도 그래프처럼 편평한 부분이 나타나는 것이 아니라 광합성 양이 아예 뚝 떨어져 버리지요. 광합성을 일으키는 효소가 변성되었기 때문입니다.

식물의 경우 광합성이 잘 일어나는 온도는 환경마다 다 다른데, 보통 15~35℃ 정도예요. 인간은 체온 범위인 35~40℃ 정도가 최적 온도죠. 광합성이 일어나는 과정을 정리하면 다음 네모처럼 됩니다.

이산화탄소 + 물 + 빛 에너지 → 포도당 + 산소

광합성이 잘 일어나려면 어떤 조건이 있어야 할까요? 이제 이산화탄소의 농도, 물의 양, 태양 빛이 충분히 주어지면 광합성이 잘 일어난다는 걸 알게 되었다고요? 훌륭해요! 여러분이 생각한 것처럼, 이 세 가지 조건이 광합성이 잘 일어날지 아닐지 결정합니다.

이것만은 알아 두세요

1. 광합성: 이산화탄소 + 물 + 빛 에너지 → 포도당 + 산소
2. 엽록체는 광합성을 하는 세포소기관이다.
3. 광합성에는 이산화탄소와 물이 필요하다.
4. 광합성을 통해 산소와 포도당이 만들어진다.
5. 빛이 강할수록 광합성이 잘 일어나지만, 일정한 빛의 세기 이상에서는 더 이상 광합성 속도가 증가하지 않는다.
6. 이산화탄소의 농도가 높을수록 광합성이 잘 일어나지만, 일정한 농도 이상에서는 더 이상 광합성 속도가 증가하지 않는다.

풀어 볼까? 문제!

1. 뉴스에서 나온 실크 잎을 건물에 설치한다면 어떤 일이 생길지 한 가지만 써 보자.

> 영국의 한 과학자가 개발한 인공 나뭇잎(실크 잎)은 실크 단백질에 엽록체를 섞어 만든 것으로 식물의 잎처럼 물과 이산화탄소를 흡수하여 산소를 만들 수 있다.

2. 지구의 이산화탄소 농도가 높아지고, 빙하가 녹아 물이 많아지고 있다. 이러한 환경에서 광합성이 잘 일어날 수 있을지 자신의 생각을 써 보자.

정답

1. 건물에 산소를 지속적으로 공급할 수 있다.
   사람들이 숨을 쉬면 발생하는 이산화탄소로 녹말을 만들어 식량 문제를 해결할 수 있다.
2. 이산화탄소의 농도가 높아지면 광합성 양이 증가할 수 있고, 물이 많으면 식물이 잘 자란다. 그러나 온도가 같이 높아져 식물이 살기 어려워지고, 이산화탄소와 온도의 변화가 급격히 일어나 식물이 적응하기 어렵다.

2. 물의 이동과 증산 작용

식물도 물을 마셔요

모든 생명체에게 꼭 필요한 물! 식물도 물이 반드시 필요합니다. 식물이 흡수한 물은 광합성을 하는 데도 쓰이고 몸을 구성하는 데도 쓰이지요. 잎을 통해 몸 밖으로 나가면서 체온을 낮추는 일도 합니다.

식물은 토양에서 물과 무기 양분을 흡수해요. 토양으로부터 흡수한 물과 무기 양분은 뿌리에서 줄기를 거쳐 잎으로 갑니다. 이 모든 길은 하나의 긴 관으로 연결되어 있고요. 뿌리는 물을 흡수하는 구조가, 줄기는 물이 이동하기에 적합한 구조가, 잎은 물이 빠져나가는 구조가 있습니다.

물이 뿌리에서 잎으로 이동하는 과정

뿌리에는 뿌리의 표피 세포 하나가 길게 늘어난 얇은 뿌리털이 있어요. 이 구조는 뿌리털이 흙 사이를 비집고 들어가서 흙으로부터 무언가를 흡수하기 좋게 만들지요.

흡수하는 데는 뿌리털의 구조만 관여하는 건 아닙니다. 식물의 뿌리 중심부에 있는 액체는 뿌리털 쪽보다 농도가 높아요. 상대적으로 농도가 낮은 뿌리털 쪽에서 농도가 높은 중심부 쪽으로 물을 잡아당기게 되지요. 세포막을 사이에 두고 농도가 낮은 곳의 물이 농도가 높은 곳으로 이동하는 현상을 **삼투**라고 해요. 이때 잡아당겨진 물이 줄기로 들어가면, 줄기의 물관을 통해 식물체 끝까지 올라갈 수 있어요.

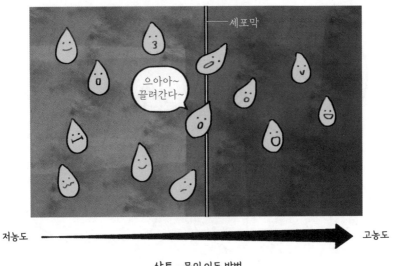

세포막

으아아~
끌려간다~

저농도 ──────────────────────► 고농도

삼투 - 물의 이동 방법

뿌리를 통해 식물의 몸속으로 들어온 물은 **줄기**를 타고 이동합니다. 줄기에는 물관과 체관이 있어, 물은 물관을 통해 이동하게 됩니다. 체관은 광합성을 통해 만들어진 양분이 이동하게 되지요.

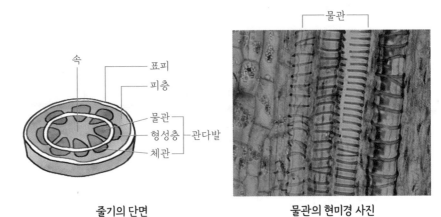

물관

속
표피
피층
물관
형성층 ──관다발
체관

줄기의 단면 　　　　　　　물관의 현미경 사진

물관을 세로로 길게 잘라보면 중간에 끊어짐이 없는 빨대 모양이에요. 물이 위로 쭉 올라가기 좋은 구조이지요.

뿌리에서 흡수된 물은 줄기를 타고 잎까지 이동합니다. 작은 물방울이 어떻게 그 긴 길을 갈 수 있을까요? 물방울이 이동하는 것은 물의 응집력, 모세관 현상, 증산 작용으로 설명할 수 있어요.

물의 **응집력**이란 물방울이 서로 붙으려는 힘을 말해요. 물을 한 방울 떨어뜨려 놓고 가까운 곳에 한 방울을 더 떨어뜨리면 물이 찰싹 붙어버리죠? 이걸 응집력이라고 불러요. 응집력은 뿌리에서부터 물관을 통해 이동하는 물방울이 하나의 기둥을 이룰 수 있게 해줍니다.

모세관 현상은 액체가 좁은 관을 올라갈 때 물방울이 끊어지지 않고 벽을 타고 기어 올라가는 것처럼 붙어 올라가는 현상입니다. 응집력과 액체가 벽에 붙으려는 힘인 **부착력**이 있어야 가능한 일이지요. 물방울 사이에서 서로 끊어지지 않으려는 응집력이 작용하고, 벽과 붙으려는 부착력이 작용해야 모세관에서 물방울이 이동할 수 있습니다.

증산 작용은 잎에서 기체 상태의 물이 식물 밖으로 나가는 현상이에요. 이를 통해 물관에 빈 공간을 만들게 됩니다.

증산 작용

이제 뿌리에서 잎까지 물이 이동하는 과정을 살펴볼까요? 잎에서 증산 작용이 일어나 물을 밖으로 내보내면 물관에 빈 공간이 생깁니다. 그럼 빈 공간을 메우기 위해 물을 끌어 올리지요. 여기서 **모세관 현상**이 나타납니다. 물관에서 물을 끌어 올리면 뿌리에서 또 빈 공간이 생기겠지요? 뿌리 중심부에 있는 액체의 농도가 뿌리 끝 부분보다 높으므로, 흙에 있는 물이 뿌리털을 통해 식물 중심부로 당겨집니다. 이 현상을 **삼투**라고 해요.

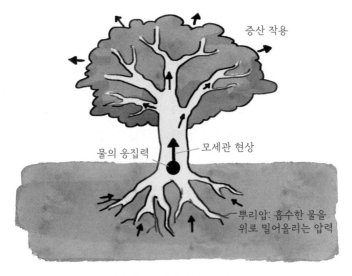

증산 작용

물의 응집력　　모세관 현상

뿌리압: 흡수한 물을
위로 밀어올리는 압력

뿌리에서 잎까지 물이 이동하는 과정

이번에는 증산 작용을 담당하는 **잎**을 관찰해 볼까요? 다음 페이지의 사진은 잎의 단면 중 뒷면을 확대한 모습이에요. 표피 세포가 투명한 것은 엽록체가 없기 때문인데, 특이하게 같은 표피 조직인 **공변세포**는 엽록체를 가지고 있어 광합성을 할 수 있어요.

공변세포의 구조 덕분에 기공이 열리고 닫힙니다. 이 세포는 엽록체를

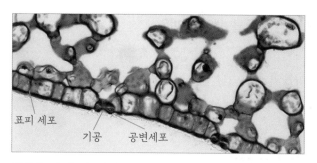

공변세포가 만드는 기공

가지고 있을 뿐 아니라, 안쪽의 세포벽이 두껍고 바깥쪽 세포벽은 얇아요. 세포벽의 두께가 다르기 때문에 물이 들어왔을 때 부푸는 정도에 차이가 생기지요. 공변세포가 광합성을 해서 세포 내부 액체의 농도가 높아지면 주변의 물을 흡수해요. 세포막을 사이에 두고 물질의 농도가 낮은 곳에서 높은 곳으로 이동하는 현상, 바로 삼투 현상이 일어나요. 세포가 늘어날 때 안쪽 세포벽은 잘 늘어나지 않고 세포 바깥쪽은 잘 늘어나서 구부러지는 정도가 달라집니다. 이때 기공이 열려요.

반대로 공변세포 안의 농도가 감소하면 물이 빠져나가고 세포는 쪼그라들어서 꽉 닫히게 되지요.

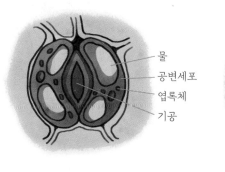

물
공변세포
엽록체
기공

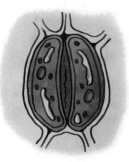

기공이 열릴 때　　　　　　　**기공이 닫힐 때**

식물은 왜 증산 작용을 해야 할까?

어쩐지 이름이 증발이랑 비슷하지요? 맞아요. 증산 작용은 식물에서 증발이 일어나는 거예요. 뿌리를 통해 흡수한 물을 잎의 기공을 통해 밖으로 내보냅니다.

가만! 식물이 열심히 흡수한 물인데 왜 밖으로 내보내는 걸까요? 아깝지 않을까요? 식물도 아까울 거예요. 정말 열심히 빨아올려야 하거든요. 미국에 있는 어떤 나무는 길이가 10m가 넘는다고 해요. 10m면 건물 3층보다 높은 건데, 그렇게 높이까지 물을 빨아올려야 하니 얼마나 힘들겠어요. 아깝긴 하지만, 식물에서 증산 작용은 매우 중요한 일을 합니다.

먼저, 식물체는 전체가 물이 꽉 찬 긴 빨대라고 할 수 있어요. 뿌리에서 흡수한 물은 빈 공간 없이 줄기의 물관을 꽉 채우고 잎까지 연결되니까요. 식물이 흡수하는 물은 뿌리털에서 밀고 들어오지는 못하거든요. 그러니

식물이 빨아올려줘야 해요. 마치 흙 속의 물에 빨대를 꽂아서 마시는 것과 같지요. 만약 증산 작용이 일어나지 않는다면 빨아올리는 힘을 줄 수가 없어서 식물이 물을 흡수할 수 없습니다. 이렇게 흡수한 물은 광합성에 사용되지요.

두 번째로, 숲속에 가면 좀 시원한 느낌을 받은 적이 있지요? 잎에 있는 물방울이 증발하면서 열을 빼앗아 가기 때문입니다. 물이 증발하면서 식물의 체온을 유지해 주는 거죠.

증산 작용은 언제 잘 일어날까요? 공변세포에 물이 들어와서 팽팽해져야 기공이 열릴 테니까 세포 내부의 농도가 높아지려면 광합성이 잘 일어나는 날씨여야겠네요. 또한 광합성이 잘되기 위해서는 이산화탄소도 잘 흡수할 수 있는 날씨여야 할 거예요. 또, 물이 잘 증발해야 식물이 자꾸 물을 내보낼 테니까 물도 잘 말라야겠네요. 자, 이런 날씨를 많이 봤죠? 바로 빨래가 잘 마르는 날씨입니다.

햇빛이 쨍쨍하고, 온도도 높고, 바람이 산들산들 잘 부는 날. 이런 날은 증산 작용도 잘 일어나서, 물을 충분히 준다면 식물이 무럭무럭 잘 자랄 수 있어요.

증산 작용, 광합성이랑 무슨 관계람?

식물이 물을 내뿜는 현상인 증산 작용은 식물이 양분을 만드는 광합성과도 매우 깊은 관계가 있어요. 증산 작용이 잘 일어나야 광합성도 잘 일어납니다.

그럼 생각해 볼까요? 증산 작용은 기공을 통해 물을 수증기의 형태로 내보내요. 그래서 토양으로부터 물과 무기 양분을 흡수할 수 있지요. 그와 동시에 이산화탄소와 산소가 들어오고 나가게 되고요.

기공이 닫혀 있으면 물을 보존할 수는 있지만 이산화탄소를 흡수할 수는 없습니다. 반대로 기공을 오랫동안 열고 있으면 이산화탄소는 많이 흡수할 수 있지만 물을 그만큼 많이 잃어버리게 되지요.

이산화탄소를 많이 흡수하기 위해서 기공을 오랫동안 열면 식물이 말라 죽게 되고, 물을 보존하기 위해 증산 작용이 일어나지 않으면 광합성을 할 수 없게 돼요. 증산 작용을 적절히 조절해야 식물도 살아남을 수 있어요.

이것만은 알아 두세요

1. 기공은 광합성을 하는 2개의 공변세포 사이의 공간이다.
2. 공변세포의 광합성에 따라 기공이 열리고 닫힌다.
3. 뿌리에서 흡수한 물은 줄기를 타고 잎까지 이동한다. 이때 삼투, 모세관 현상,
   증발이 일어난다.
4. 물관은 죽은 세포로 이루어진 하나의 긴 관이다.
5. 증산 작용은 잎에서 수분을 증발시키는 작용으로, 식물이 물을 흡수하는 원동
   력이 된다.
6. 증산 작용이 잘 일어나야 광합성도 잘 일어난다.

1. 진희는 증산 작용이 식물의 어느 부분에서 일어나는 현상인지 궁금해졌다. 증산 작용이 일어나는 장소가 잎이라는 가설을 세웠을 때, 이를 검증하기 위한 실험을 설계해 보자.

정답

1. 같은 종류, 같은 크기의 나뭇가지를 꺾어 한쪽은 잎을 모두 제거하고 한쪽은 잎을 그대로 단 채로 메스실린더에 꽂는다.

   메스실린더에 식용유를 떨어뜨려 표면에서 증발을 막고 며칠 동안 물이 줄어든 양을 측정한다.

3. 식물의 호흡과 양분의 이동

떼려야 뗄 수 없는 관계, 호흡과 광합성

식물은 광합성을 하고 동물은 호흡을 한다? 서로 반대되는 일을 하는 게 맞는 것 같은데 어딘가 이상하기도 합니다. 어디가 이상할까요? 가만히 생각해 보니, 식물의 반대가 동물 맞나요? 광합성의 반대가 호흡 맞나요?

동물은 호흡, 식물은 광합성만 한다고 생각하기 쉬운데 동물은 호흡을, 식물은 호흡과 광합성을 합니다. 두 반응이 어떻게 다른지 알아볼까요?

호흡? 광합성?

호흡과 광합성은 비슷하지만 또 다르기도 합니다. 에너지 측면에서 광합성은 빛 에너지를 이용해 양분을 합성하는 과정이지만, 호흡은 물질을 분해해서 살아가는 데 필요한 에너지를 만들어 내는 과정이에요.

먼저 **호흡과 광합성의 재료**에 관한 이야기입니다. 아래 광합성과 호흡의 반응식에서 보이는 것처럼 호흡과 광합성은 재료와 생성물이 서로 반대예요. 호흡의 재료는 포도당 같은 양분과 산소이고, 광합성의 재료는 이산화탄소와 물이지요. 호흡의 생성물이 광합성에 사용되고, 광합성의 생성물이 호흡에 사용됩니다.

광합성 이산화탄소 + 물 + 햇빛 에너지 → 포도당 + 산소

호 흡 포도당 + 산소 → 이산화탄소 + 물 + 에너지

다음은 **호흡과 광합성이 일어나는 시간**에 대해 얘기해 보죠. 호흡은 밤에, 광합성은 낮에 일어난다고 생각하기 쉽습니다. 하지만 이건 잘못된 생각이에요. 호흡은 모든 세포에서 일어납니다. 낮이든 밤이든 일어나지요. 그러나 광합성은 낮에만 일어나요. 그런데 우리는 왜 낮에는 광합성, 밤에는 호흡이 일어난다고 생각할까요? 호흡의 결과로 만들어진 이산화탄소가 낮엔 안 보이기 때문이에요. 식물 옆에서 지켜봤더니, 잉겐하우스의 실험처럼 밤엔 식물에서 이산화탄소가 나오는데 낮엔 산소가 나오더라는 거죠. 그러나 식물이 낮에 호흡해서 발생한 이산화탄소는 광합성의 재료로 쓰여요. 게다가 호흡으로 만들어진 이산화탄소만으로는 부족해서 주변의 이산화탄소도 흡수하니까, 낮에는 식물에서 광합성의 결과로 발생한 산소만 발견하게 되었던 겁니다.

세 번째는 **호흡과 광합성이 일어나는 장소**입니다. 광합성과 호흡의 반

응식을 비교해 보면 광합성과 호흡 과정이 서로 반대인 것처럼 보여요. 다행히 광합성과 호흡이 일어나는 장소는 같지 않아요. 광합성과 호흡이 한 공간에서 일어난다면 다람쥐 쳇바퀴 돌듯이 포도당을 만들고 분해하고 만들고 분해하고… 계속 반복되었을 거예요. 그렇게 되면 광합성으로 양분이 만들어진 후 바로 분해되어버릴 테니 식물로서는 광합성을 할 의미가 없겠지요.

세포 속에서 광합성이 일어나는 장소는 오로지 식물만 가지고 있는 엽록체이지만, 호흡이 일어나는 장소는 미토콘드리아입니다.

마지막으로 **호흡과 광합성의 결과**에 대해 알아보죠. 호흡의 결과물로 에너지가 발생하고, 이 에너지는 식물이 살아가는 데 사용합니다. 씨앗에서 싹이 날 때도 에너지를 사용하지요. 앉은부채라는 식물은 열을 내서 눈을 녹이고 꽃을 피우는데, 이때에도 에너지를 사용하게 됩니다.

광합성의 결과로 만들어진 포도당은 영양분으로 저장되거나 몸이 자라는 데 사용됩니다. 감자나 고구마에서 우리가 먹는 부분, 꽃에서 꿀로 저장되는 부분이 모두 광합성의 결과물이죠.

양분의 이동 통로, 체관

광합성으로 만들어진 양분은 잎에서부터 식물의 온몸 구석구석으로 이동합니다. 이렇게 양분이 이동하는 통로가 **체관**이에요. 체관은 물관 옆에 형성층을 사이에 두고 나란히 붙어 있는 관입니다. 물관과 체관은 모두 관다발 조직계에 들어가는 조직이에요.

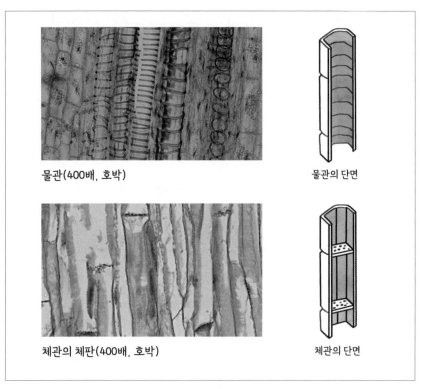

물관(400배, 호박)

물관의 단면

체관의 체판(400배, 호박)

체관의 단면

물관과 체관

물관과 체관은 하는 일이 다른 만큼 생김새도 달라요. 세로로 길게 잘라보면, 물관은 중간에 끊어짐이 없는 빨대 모양이에요. 물이 위로 쭉 올라가기 좋은 구조이지요. 체관은 중간 중간에 구멍 뚫린 세포벽이 남아서, 큰 것과 작은 것을 분리하는 체와 같이 생긴 구조가 있어요. 이것을 **체판**이라고 하는데, 녹말처럼 너무 큰 물질은 이동할 수 없게 만듭니다.

물관을 통해 물과 무기 양분이 뿌리에서 잎으로 이동하는 것과는 달리, 광합성에 의해 합성된 포도당은 바로 녹말로 바뀌어 엽록체에 저장됩니

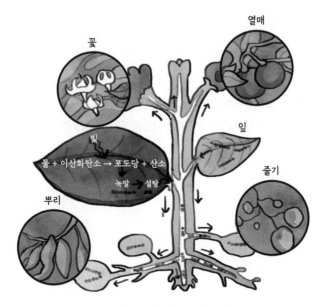

열매

꽃

빛

물 + 이산화탄소 → 포도당 + 산소

녹말 ← 설탕

잎

줄기

뿌리

광합성 결과물의 이동과 저장

다. 그러나 광합성으로 만든 포도당 모두를 저장할 수는 없지요. 일부는 필요한 부분으로 이동해서 과실을 만들거나 몸이 성장하는 데 쓰여야 하거든요.

잎에 저장된 녹말은, 이동할 때는 설탕으로 만들어져 체관을 통해 이동합니다. 설탕은 목적지에 도달해서 다시 녹말, 지방처럼 다양한 형태로 저장되었다가 식물이 성장하거나 꽃을 피워야 하는 등 에너지가 필요할 때 호흡에 의해 분해되어 사용되지요.

이것만은 알아 두세요

1. 광합성은 엽록체에서, 호흡은 미토콘드리아에서 일어난다.

2. 광합성의 결과, 생성된 양분은 호흡의 재료로 쓰인다.

3. 물관은 물의 이동 통로이고 체관은 양분의 이동 통로이다.

4. 물은 뿌리에서 줄기, 잎으로 이동하고 양분은 잎에서 필요한 각 부분으로 이동
한다.

풀어 볼까? 문제!

1. 과수원에서 과일나무 줄기를 따라 홈을 파는 경우가 있다. 이때 적정 깊 이를 파면 크고 단 과일을 얻을 수 있지만, 너무 깊이 파면 죽어버린다. 왜 그런지 까닭을 생각해 보자.

정답

1. 줄기는 체관이 밖에 있고 물관이 안에 있는데, 체관이 얕게 손상되면 뿌리로 가야 하는 영양분 중 일부가 뿌리로 가기 어려워 큰 과일을 얻게 된다.

　　그러나 깊게 홈이 파여서 체관 전체가 손상되거나 물관부까지 손상되면 뿌리로 양분이 공급되지 않고 뿌리에서 물을 공급 받을 수 없어 나무가 말라 죽는다.

Part 3. **동물과 에너지**

별주부

아니, 토끼 간은 가져다 뭐 하려고 구하겠다는 거야?
내 간 주면 안 돼?

어, 네 건 안 좋대. 내 간이 더 좋을걸?

 별주부

그럼 네 간 가져다 드려.

내 간은 소중하니깐.

 별주부

토끼를 좀 알아봤더니 풀 먹는 애래.
똥도 똥글똥글한 거 싸고. 덩치도 상어보다 작아.
그럼 간도 쪼끄만 할 텐데 그냥 토끼 똥을 가져다
줄까?

 오징어

별주부가 나가기 아주 싫었네, 싫었어.
내가 오늘 게 잡아다 줄게, 화 풀어~

 별주부

하아, 오징어 너는 바다 나가면 서 있지도 못하잖아.
가만, 넌 피도 파랗다며?

나도 그 소리 들었어. 오징어 피 파란데
숨은 어떻게 쉬어?

 오징어

누가 그래? 아니야!!
숨 쉬는 거랑 피 파란 거랑 무슨 상관이야~

 고등어

야! 누가 내 머리에 똥 쌌냐?

 상어

미안, 오줌이야.

 용왕님

커험!!

용왕님이 나가셨습니다.

 별주부

헐, 용왕님 계셨어?

"

용왕님의 병을 낫게 하기 위해서는 토끼의 간이 필요하대요. 간이 하는 일은 뭐기에 병을 낫게 할 수 있는 것일까요? 가만, 오징어는 피가 파랗다고요? 피가 파란색이면 숨을 쉴 수 없는 걸까요?

동물들은 살기 위해 에너지가 필요해요. 에너지를 내기 위해서는 간이 포함되는 소화계, 혈액이 포함되는 순환계, 숨 쉬는 일과 관련된 호흡계, 오줌과 관련된 배설계까지 어느 하나 소중하지 않은 것이 없어요. 그럼 이제부터 내 몸이 어떻게 에너지를 내는지 알아볼까요?

"

1. 영양소

내가 먹는 것이 나를 만든다

'감자도 먹고 김치도 먹고 닭고기도 먹고… 골고루 다 먹어야 하는데….
하아, 먹을 게 왜 이리 많냐.'

누구나 마음속에 최애 먹거리 하나쯤은 있는 거잖아요! 어떤 걸 제일
좋아하나요? 치킨? 피자? 아니면… 밥? 이렇게 먹은 것들이 나를 만든다
고요? 흐음, 먹는 것이 나를 만든다니 되게 좋은 걸 먹고 싶네요. 뭘 먹어
야 할까요?

6가지 영양소

영양소는 식품의 성분 중에서 체내에서 영양 작용을 하는 성분을 말해

요. 우리 몸을 구성하고, 에너지를 제공하며, 기능을 조절하는 거죠. 이 영양소들은 6개의 영역으로 구분해요. 단백질, 탄수화물, 지방, 바이타민, 무기 염류 그리고 물까지. 모두 우리가 매일 먹고 있는 음식에 들어 있어요.

단백질은 우리 몸을 구성해요. 우리 몸속에 반응을 일으키는 효소의 주성분이기 때문에 중요하죠. 1일 1닭의 주인공인 치킨, 두부, 살코기에 많이 들어 있습니다. 단백질은 **아미노산**이라는 분자가 연결되어 **폴리펩타이드**를 만들고, 이것들이 더 연결되고 구부러져 덩치가 커다란 단백질을 만듭니다. 단백질은 에너지를 낼 때 쓰이기도 하는데, 이때 1g당 4kcal의 열량을 내요.

탄수화물은 매끼마다 먹는 영양소입니다. 녹말이 탄수화물의 대표적인 종류예요. 포도당, 설탕도 탄수화물이죠. 밥, 감자, 빵, 국수에 많이 들어 있어요. 탄수화물은 분해되면 단맛이 나는 특징이 있는데, 밥을 꼭꼭 씹어 먹으면 입에서 단맛이 나는 것도 녹말이 입속에서 분해되기 때문이에요.

탄수화물은 왜 이렇게 자주 먹어야 할까요? 주로 에너지를 내는 데 쓰이기 때문이에요. 탄수화물은 1g당 단백질과 마찬가지로 4kcal의 열량을 냅니다. 흰 쌀밥 한 그릇은 300kcal 정도가 되죠. 하루에 세 끼를 먹는다고 하면 밥으로 1,200kcal를 먹게 되는 셈이 됩니다.

너무 많이 먹는다는 걱정이 드나요? 우리가 숨 쉬고 체온을 유지하는 등, 살아 있기만 해도 사용하는 기초적인 에너지를 **기초 대사량**이라고 해요. 기초 대사량만 해도 생각보다 많아서, 밥 먹는 건 걱정하지 않아도 돼요. 다만 추가로 먹는 탄수화물은 쓰다 남으면 지방이 되어 내 몸에 저장되니 너무 많이 먹지 않아야겠네요.

지방 역시 우리 몸을 구성하는 물질이에요. 지방은 1g당 9kcal의 열량을 내죠. 단백질, 탄수화물, 지방 중에서 가장 에너지를 많이 내는군요. 지방은 버터, 땅콩, 식용유 등 우리가 '기름기'라고 부르는 것들에 들어 있어요.

다이어트를 하면 제일 먼저 지방을 먹지 말아야 한다는 생각을 하게 되는데, 그렇지는 않아요. 지방은 세포막뿐 아니라 몸을 구성하고 우리 몸을 조절하는 호르몬의 성분이기도 해요. 없으면 문제가 생길 수밖에 없지요.

단백질, 탄수화물, 지방은 우리 몸의 주요한 구성 물질이고 에너지원이기 때문에 **3대 영양소**라고 불러요. 이 외에 바이타민, 무기 염류, 물은 **부영양소**라고 부릅니다. **바이타민**은 우리 몸을 구성하지는 않아요. 하지만 생명 현상을 조절하는 기능을 하기 때문에 꼭 섭취하거나 합성해야 하는 물질이에요. 바이타민은 A, B군, C, D, E, K 등이 있는데, 각각 하는 일이 다릅니다. 바이타민은 채소나 과일에 많이 들어 있어요. 바이타민이 부족

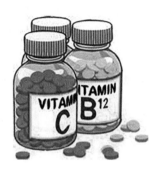

하면 결핍증이 나타나게 되죠.

무기 염류는 스포츠 음료에서 많이 보았을 거예요. 스포츠 음료의 성분 표에 보면 나트륨, 칼륨, 칼슘 등 무기 염류의 이름을 적혀 있어요. 자연 식품에는 채소, 멸치, 다시마, 우유 등에 들어 있죠. 무기 염류가 단백질이나 지방과 같은 점은 우리 몸의 구성 성분이라는 거예요. 다른 점은 에너지를 내지 않는다는 겁니다. 바이타민과 공통점은 우리 몸의 활동을 조절한다는 것이고, 다른 점은 몸을 구성한다는 것이지요.

무기 염류의 예로는 칼슘과 철이 있어요. 우리 몸의 뼈는 주로 칼슘으로 되어 있다는 걸 알죠? 칼슘이 바로 무기 염류예요. 또한, 상처에서 피가 났을 때 무심코 피 맛을 본 적이 있지요? 그 맛이 바로 무기 염류인 철이 내는 맛이에요.

6가지 영양소의 마지막인 물은 우리 몸의 70% 정도를 차지하고 있어요. 몸속에서 물질도 운반하고, 체온도 적절하게 유지해야 하고, 몸속에서 반응이 일어날 수 있도록 여러 가지 물질들이 녹아 있는 상태로도 만들어야 하고요. 그런데 생각 외로 하루 동안 물을 많이 마시지 않는 경우가 많아요. 물을 잘 챙겨 마십시다!

많이 마셔

영양소를 알아보는 방법은?

음식을 먹을 때 이 음식에는 어떤 영양소가 있는지 궁금해질 때가 있지요. 음식에서 영양소를 검출할 수 있는 방법이 있어요.

단백질 검출 - 뷰렛 반응

단백질을 검출할 때 쓰는 것이 뷰렛 반응이에요. 뷰렛 반응을 하는 시약을 뷰렛 용액이라고 하지요. 5% 수산화나트륨 수용액이나 수산화칼륨 수용액을 시료에 떨어뜨린 후 1% 황산구리 수용액을 떨어뜨리는 방법입니다. 수산화나트륨이나 수산화칼륨 수용액은 색이 없고 황산구리 수용액은 구리이온 때문에 **푸른색**을 나타내는데, 뷰렛 반응이 일어나면 **보라색**으로 바뀌게 돼요.

녹말 검출 - 아이오딘 반응

광합성을 통해 만들어진 녹말을 검출했던 방법, 기억나나요? 잎에 아이오딘-아이오딘화 칼륨 용액을 떨어뜨렸던 방법 말이에요. 아이오딘-아이오딘화 칼륨 용액은 원래 **갈색**이지만 녹말을 만나면 **청남색**으로 변하게 됩니다. 밥에 아이오딘-아이오딘화 칼륨 용액을 떨어뜨리면 청남색이 되는 것을 보고, '아, 녹말이 들어 있구나.' 알 수 있어요. 이 반응을 아이오딘 반응이라고 합니다.

포도당 검출 - 베네딕트 반응

포도당은 녹말이 분해된 것이에요. 녹말이 분해된 것이지만 포도당은 아이오딘 반응을 일으키지 않고, 녹말은 베네딕트 반응에서 검출되지 않아요. 베네딕트 용액은 **청록색**인데 포도당에 베네딕트 용액을 넣고 가열하면 **황적색**으로 변합니다. 베네딕트 반응은 녹말이 분해되어 만들어지는 엿당에서도 일어나요.

지방 검출 - 수단 III 반응

수단 III 반응은 지질을 검출하기 위해서 사용하는 방법이에요. 수단 III 용액은 식용유와 같은 지방을 만나면 색이 훨씬 선명한 **붉은색**으로 바뀌게 됩니다.

영양소가 소화되면?

밥을 먹으면 우리 몸에서는 소화가 일어나요. 신체를 구성하는 단백질, 탄수화물, 지방은 그 자체로는 너무 덩어리가 커서 몸에서 사용하지 못하거든요. 그래서 이것들을 잘게 쪼개서 사용하죠. 각각의 물질이 분해되면 생김새가 달라지고, 이름도 달라집니다.

소화에는 물리적 소화와 화학적 소화가 있어요. 물리적 소화는 말 그대로 크기만 작게 만들거나 잘 섞어주는 반응이에요. 화학적 소화는 소화 효소가 영양소의 내부를 잘라서 크기도 작지만 아예 성질도 다른 물질로 만들어 버리는 겁니다. 각 영양소가 화학적 소화를 거쳐서 어떻게 바뀌는지 알아볼까요?

단백질은 **아미노산**이 목걸이처럼 길게 연결된 폴리펩타이드로 되어 있어요. 이 폴리펩타이드가 모여 단백질이 되거든요. 소화는 만들어지는 순서와 거꾸로 일어나게 됩니다. 단백질이 분해되어서 폴리펩타이드가 되고, 폴리펩타이드가 잘게 잘려서 최종적으로는 아미노산이 돼요. 아미노산이 되어야 우리 몸이 잘 흡수할 수 있어요.

단백질 소화 과정

녹말은 포도당이 목걸이처럼 길게 연결되어 있어요. 밥을 오래 씹으면 단맛이 나는 이유가 바로 녹말이 엿당으로 분해되기 때문이지요. **엿당**은 **포도당**으로 분해된 후 흡수됩니다.

탄수화물 소화 과정

중성 지방은 다리처럼 생긴 **지방산** 세 개에 글리세롤이 붙어 있는 형태예요. 소화되면 지방산 두 개는 떨어지고 글리세롤에 지방산 하나가 붙어 있는 **모노글리세리드**가 되어 흡수되지요.

지방   지방   소화 효소   모노글리세리드   지방산

지방 소화 과정

이것만은 알아 두세요

1. 단백질, 탄수화물, 지방은 몸을 구성하고 에너지를 낸다.

2. 물, 무기 염류, 바이타민은 에너지를 내지 않지만 몸의 활동을 조절한다.

3. 단백질은 뷰렛 반응을 하면 보라색이 된다.

4. 아이오딘-아이오딘화 칼륨 용액은 녹말을 만나면 청남색이 된다.

5. 베네딕트 용액은 포도당이 있을 때 황적색으로 바뀐다.

6. 수단Ⅲ 용액은 지방을 만나면 색깔이 더 선명해진다.

7. 영양소가 소화되면 단백질은 아미노산, 녹말은 포도당, 지방은 지방산과 모노글리세리드로 분해된다.

풀어 볼까? 문제!

1. 음식물을 녹여 홈판에 넣고 검출 반응을 했더니 아래와 같은 결과가 나왔다. 음식에 들어 있는 것으로 생각되는 영양소는?

● 갈색 ● 청록색 ● 푸른색 ● 연한 붉은색 ● 청남색 ◇ 보라색 ◆ 황적색
● 선명한 붉은색

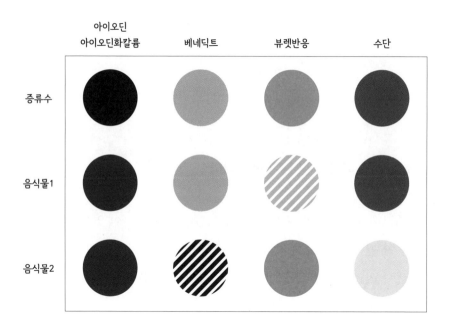

정답

1. 음식 1은 녹말, 단백질이 들어 있고, 음식 2는 녹말, 포도당과 지방이 들어 있다.

2. 소화

소화요? 그 어려운 걸 내가 해냅니다

　너무 배가 불러서 아무것도 못 하고 일단 누워본 적이 있을 거예요. 소화가 안 될 것 같다고 생각하지만 웬걸? 아침에 일어나면 다시 무엇인가 먹을 수 있었던 느낌, 신기하다고 생각해 본 적 없나요? 도대체 내 배 속에서는 무슨 일이 일어난 걸까요?

　우리가 먹는 6대 영양소 중에서 단백질이나 탄수화물, 지방은 무기 염

류나 바이타민과 달리 크기가 커서 먹은 그대로 흡수할 수 없기 때문에 작게 분해하는 과정을 거치게 되고, 이걸 소화라고 부른다는 건 앞에서 배웠습니다. 소화가 이루어지는 기관을 **소화 기관**이라고 하고요. 입, 식도, 위, 십이지장, 소장, 대장을 거쳐 항문까지 모두 소화에 관여하는 기관이지요. 가만, 동물에서는 같은 일을 하는 기관을 모아 기관계라고 부른다고 했지요? 소화에 관여하는 이 기관의 모임을 **소화 기관계**라고 합니다.

소화 기관은 각각 소화하는 영양소가 달라요. 또한, 소화 과정도 물리적 소화 또는 기계적 소화라고 부르는 과정과 소화 효소가 관여하는 화학적 소화라고 부르는 과정으로 나뉩니다. 이제부터 소화에 관한 모든 것을 알아보기로 해요.

내 몸에서 열일하는 그대 이름, 효소

화학적 소화는 물질대사 중 물질을 분해하는 반응이에요. 그런데 우리 몸은 반응이 일어나기엔 온도가 너무 낮죠. 이 어려운 반응을 일부러 일어나게 하는 게 바로 효소입니다.

효소가 반응을 잘하게 하려면 어떻게 해야 할까요? 효소와 관련된 반응은 몇 가지 특성이 나타나요.

① 효소와 기질의 농도

반응하는 물질을 기질이라고 하는데, 기질의 농도가 높아지면 효소와 만나야 하는 반응 물질이 늘어나서 반응 속도가 점점 빨라져요. 그런데 기질의 농도가 어느 정도 이상이 되면 더 이상 속도가 증가하지 않아요. 이미 모든 효소가 이 반응에 참여하고 있기 때문이지요.

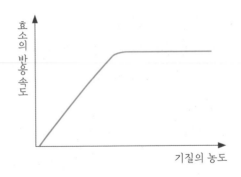

기질의 농도와 효소의 반응 속도

② **효소와 온도**

온도가 높아지면 반응은 잘 일어나요. 그런데 아래의 그래프를 보면, 효소의 반응 속도가 갑자기 뚝 떨어지는 걸 볼 수 있어요. 이 온도가 40℃ 정도 되지요. 효소의 반응 속도가 가장 **빠른** 온도 범위를 **최적 온도**라고 해요. 그런데 단백질은 열에 약해서 최적 온도가 넘어가면 형태가 변하는 변성이 일어나 일을 할 수 없게 됩니다.

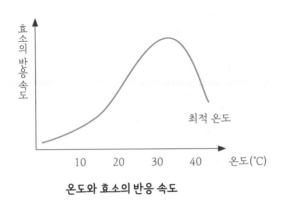

온도와 효소의 반응 속도

③ 효소와 pH

pH는 산성인지 염기성인지를 나타내는, 1부터 14까지의 숫자로 되어 있는 척도예요. 1에 가까울수록 산성, 14에 가까울수록 염기성, 7일 때가 중성입니다. 그래프를 보면 각각의 효소마다 반응 속도가 가장 높은 pH가 따로 있어요. 이를 최적 pH라고 합니다. 단백질은 주변 환경이 산성인지 염기성인지에도 영향을 많이 받아서 적당한 조건이 아니면 반응을 하지 않아요.

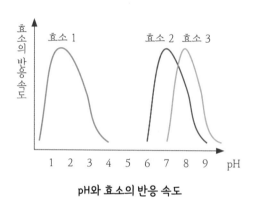

pH와 효소의 반응 속도

④ 기질 특이성

효소는 특이하게 자신과 반응하는 물질이 정해져 있어요. 예를 들어, 침에 있는 아밀레이스는 녹말만 분해하는 반응을 해요. 이것을 기질 특이성이라고 해요.

효소가 일을 해서 소화를 시키려면 여러가지 조건이 잘 맞아야 하네요. 이제 내 몸속에서 일어나는 반응을 하나하나 따라가 볼까요?

소화의 시작 - 입

 음식물이 가장 먼저 들어오는 입은 소화가 시작되는 곳이기도 해요. 입
에서는 **저작 운동**과 **혼합 운동**이라는 기계적 소화가 일어납니다. 저작 운
동은 씹어서 부순다는 뜻이에요. 음식물을 씹으면 일단 덩어리가 작아지
게 되겠죠? 그리고 혀와 함께 음식물을 침과 섞어주지요.

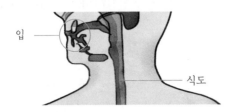

 침은 **아밀레이스**라는 소화 효소를 가지고 있어요. 아밀레이스는 녹말을
분해해서 **엿당**으로 만드는 일을 합니다. 이 과정이 바로 화학적 소화예요.
아밀레이스는 녹말하고만 반응하기 때문에 입에서는 단백질이나 지방의
소화는 일어나지 않아요.

기계적 소화	잘게 자르고 섞어주기
화학적 소화	탄수화물 녹말 → 침의 아밀레이스 → 엿당

입에서의 소화

 밥을 오랫동안 꼭꼭 씹으면 입에서 죽처럼 변해요. 그리고 단맛이 나게

되지요. 밥을 씹으면 저작 운동과 혼합 운동이 일어납니다. 저작 운동이 일어나면 일어날수록 효소가 묻을 수 있는 면적이 넓어지기 때문에 아밀레이스와 반응도 훨씬 잘 일어나게 돼요. 그러면서 침과 섞이니까 죽처럼 바뀌는 것이고, 침 속의 아밀레이스는 녹말을 단맛이 나는 엿당으로 분해합니다.

여기서 잠깐, 입에서 녹말이 분해되어 엿당이 된다고 했는데 이 과정을 실험으로 확인하고 싶다면 어떻게 하면 될까요? 맞아요. 밥에 침을 섞어 보면 되겠지요. 반응하기 전후에 아이오딘-아이오딘화 용액을 떨어뜨리고 베네딕트 반응을 각각 일어나게 하면, 침과 닿기 전에는 아이오딘-아이오딘화 용액의 색이 변하지만 베네딕트 반응은 일어나지 않고, 침과 닿은 후에는 반대로 베네딕트 반응만 일어나게 됩니다.

눌러 눌러 내려가라 - 식도

이렇게 입에서 침과 섞인 음식은 **식도**를 거쳐 위로 내려가요. 식도에는 소화 효소가 없는 대신, 음식물 덩어리를 주물러서 위에 들어가도록 밀어 주는 기계적 소화가 일어나요.

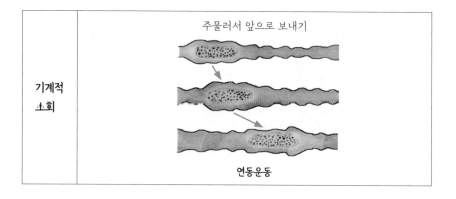

기계적 소화	주물러서 앞으로 보내기 연동운동

마법의 주머니 - 위

식도를 거쳐 위에 도착한 음식물은 **위액**에 풍덩 빠지게 됩니다. 위는 주머니처럼 생겼어요. 위에서는 주물럭거리면서 섞고 섞은 것들을 십이지장으로 밀어 보내는 기계적 소화가 일어나지요.

위에서는 **펩신**이라는 소화 효소가 분비되어 위액 속의 **염산**과 함께 일을 합니다. 펩신은 단백질을 폴리펩타이드로 자르는 일을 해요.

기계적 소화	섞어주기		
화학적 소화	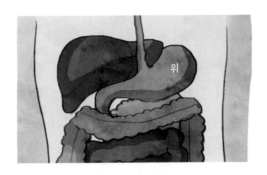		

위에서의 소화

위액에는 염산이 포함되어 있어요. pH가 2인 강한 산입니다. 그래서 입에서는 열심히 일했던 아밀레이스가 위에서는 더 이상 일을 못 해요. 아밀레이스는 pH 7에서 제일 반응을 잘하는 효소거든요.

또한, 위의 pH는 2이기 때문에 여기에서 어지간한 세균은 다 죽고 말아요. 우리가 먹을 때마다 손을 깨끗이 씻지 않거나 군것질을 많이 해도 매번 아프지 않았던 이유는 위에서 염산이 살균 소독해 주었기 때문입니다.

위의 염산은 우리가 밥을 먹는 걸 신호로 해서 분비돼요. 그래서 밥을 먹었다 먹지 않았다 하거나, 폭식했다가 거의 안 먹거나 하는 것은 위험한 일입니다. 우리의 위는 염산을 담기 위해서 여러 겹의 근육 조직으로 되어 있지만, 반대로 그 염산에 의해서 언제든 손상될 수 있으니까요.

이제 다 소화하자 - 소장

소장은 십이지장에서 시작되고 대장과 연결되면 끝나는, 우리 몸에서 가장 긴 소화 기관이에요. **십이지장**은 위와 연결된 소장의 시작 부분입니다. 손가락 열두 마디 정도의 길이가 되는 장이라는 뜻으로 십이지장이라고 부르게 되었지요.

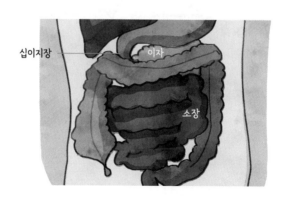

소장에서는 관이 꾸물꾸물 움직여서 음식물 덩어리를 섞어주는 일과 함께 이자에서 분비된 소화 효소가 음식물을 최종 단계로 분해해요.

십이지장은 **쓸개**와 **이자**가 연결되는 곳이에요. 쓸개는 간에서 만들어진 **쓸개즙**이 저장되는 곳인데, 큼직한 지방 덩어리를 좀 떨어뜨려서 물과 잘 섞이게 만드는 역할을 합니다. 삼겹살을 구워 먹은 후 설거지를 할 때 사용하는 주방용 세제와 같은 역할이지요. 쓸개즙은 지방을 분해하지는 않기 때문에 기계적 소화를 해요. 따라서 효소라고 부르지 않아요.

기계적 소화	섞어주기, 주물러서 앞으로 보내기 쓸개즙이 큰 지방 덩어리를 작게 떨어뜨리기
화학적 소화	

소장에서의 소화

위에서 소화되어 내려온 음식물 덩어리는 염산에 담겨 있었기 때문에 pH가 2예요. 이 상태에서 아래로 내려가면 다른 내장들이 다 손상되고 말겠죠? 이런 문제를 해결하는 것이 바로 이자입니다. 위 밑에 있고 얇은 수세미같이 생긴 **이자**는 위에서 내려온 음식물 덩어리를 중화시키기 위해서 **탄산수소나트륨**과 단백질, 탄수화물, 지방을 다 분해하는 소화 효소를 만들어서 십이지장으로 내보내요. 이들이 섞여서 소장에서는 지질, 탄수화물, 단백질 모두의 소화가 일어납니다.

이자에서 분비하는 **아밀레이스**는 입에서 미처 분해되지 못한 녹말을 엿당으로 분해하고, 소장에서 분비하는 다른 소화 효소에 의해 엿당이 포도당으로 분해되어 소장에서 흡수돼요.

단백질을 분해하는 효소는 **트립신**인데, 위에서 펩신에 의해 분해된 것 말고도 트립신이 더 분해합니다. 소장에서 분비하는 다른 단백질 분해 효소에 의해 최종적으로 아미노산으로 분해되지요.

쓸개즙이 덩어리를 좀 잘라놓은 지방은 이자에서 분비하는 **라이페이스**에 의해서 **지방산**과 **모노글리세리드**로 분해됩니다.

이제 다 분해되었네요. 내 몸이 참 고생 많았어요. 이렇게 소화하는 데 시간은 얼마나 걸릴까요? 음식물이 위에서 6시간 정도 머무르고, 소장을 지나는 데 8시간 정도 걸린다고 해요. 게다가 소화가 안 된 음식물들은 큰 창자에서 10시간 정도 머무르게 되지요.

소화가 되었으니 끝? 아니에요. 이제 최종적으로 흡수할 일이 남았어요.

흡수 담당 - 소장, 대장

소장에서 모든 음식물이 다 분해되었어요, 만세! 우리가 먹은 음식물은 모두 분해되어 포도당과 아미노산, 지방산과 모노글리세리드가 되어 소장의 세포막을 지나 몸속으로 들어갈 준비가 되었습니다.

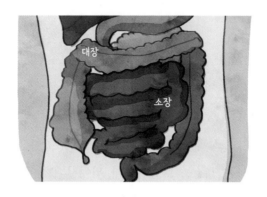

소화된 영양소를 흡수하는 소장은 꼬불꼬불한 표면을 가지고 있어요. 우리가 **융털**이라고 부르는 구조이지요. 식물의 뿌리털처럼 표면적을 매우 넓게 만들 수 있는 구조예요. 이 구조는 소화된 영양소가 닿을 수 있는 면적을 매우 넓게 해서 영양소를 하나도 놓치지 않고 다 흡수할 수 있게 합니다.

융털 하나의 내부 구조를 보면 **모세 혈관**과 림프관인 **암죽관**이 같이 들어 있는 것을 볼 수 있어요. 모세 혈관으로는 소화한 영양소 중 **수용성 영양소**가, 암죽관으로는 **지용성 영양소**가 흡수됩니다. 모세 혈관으로 흡수되는 영양소는 **포도당, 아미노산, 물, 무기 염류**와 **수용성 바이타민**이에요. 암죽관으로는 **지방산과 모노글리세리드, 지용성 바이타민**이 흡수되죠. 이렇게 흡수된 영양소는 혈관을 통해 간으로 갔다가 심장으로 가요.

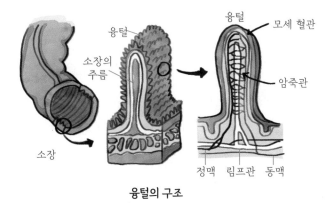

융털의 구조

림프관을 타고 이동한 물질은 바로 심장으로 갑니다.

너도 소화 기관이었어? - 간

맞아요. 간도 소화 기관이에요. 관으로 연결되지는 않았지만 소화 기관
계에 속합니다. 쓸개즙을 만들고, 흡수된 포도당을 저장하고, 필요한 단백
질들을 만들거나, 해독하는 등의 다양한 일을 해요.

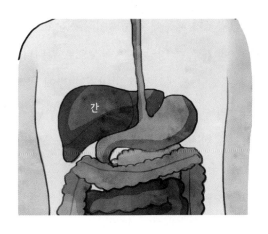

남은 물 한 방울도 흡수해 - 대장

대장까지 온 것들은 우리가 먹었을 때의 모양과 많이 달라져 있을 겁니다. 대장에 온 물질은 소화와 흡수가 끝난 물질이에요. 대장을 거치면서 우리가 먹은 음식물의 남아 있는 물까지 다 흡수하는 공간이 대장이에요. 대장을 거치면서도 남은 것은 항문을 통해 대변으로 배출되지요.

흡수된 양분의 이동

소장의 융털에는 수용성 영양소와 지용성 영양소를 흡수해서 이동하는 길이 따로 있어요.

먼저 **수용성 영양소의 이동**을 알아볼게요. 수용성 영양소는 단백질이 분해된 아미노산, 녹말이 분해된 포도당, 바이타민C와 바이타민B_1, B_2 등이 있어요. 이들은 융털의 **모세 혈관**으로 흡수되어 **간문맥**으로 흘러가지요. 문맥은 심장을 거치지 않고 기관과 기관을 연결하는 혈관입니다. 소장에서 나와 간으로 연결되기 때문에 간문맥이라고 해요.

간문맥을 통해 간에 도착한 영양소는 심장으로 갑니다. 흡수한 포도당 중 혈관에 실어 줄 포도당을 제외하고 나머지는 간에 **글리코젠**이라는 탄수화물로 저장해요. 이렇게 저장했다가 혈액 속의 당이 부족해지면 조금씩 공급해 주는 역할을 하지요. 혈관으로 가야 할 포도당은 간정맥을 타고 심장으로 간 후 혈액 순환 경로를 따라 온몸의 필요한 곳에 전달됩니다. 이 혈관은 심장으로 들어가는 혈관이라 정맥, 간에서 출발하므로 간정맥이라고 불러요.

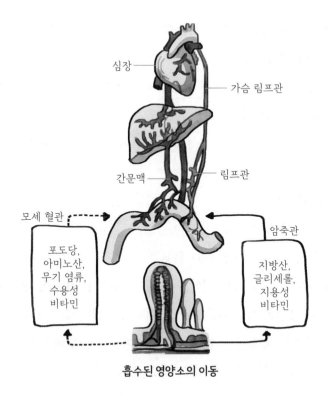

심장

가슴 림프관

간문맥

림프관

모세 혈관

암죽관

포도당,
아미노산,
무기 염류,
수용성
비타민

지방산,
글리세롤,
지용성
비타민

흡수된 영양소의 이동

　다음은 **지용성 영양소의 이동**입니다. 먼저, 림프관에 대해 알아야겠어요. 림프관은 혈관 옆에 붙어 있는 관이에요. 혈액이 아니라 림프액이 다니는 길이지요. 림프액은 적혈구나 혈소판이 없는 혈액의 액체 성분과 비슷하다고 생각하면 돼요. 림프액은 특정한 혈관을 통해 혈액과 합쳐지기도 해요.

　암죽관은 림프관 중 융털에 있는 림프관이에요. 암죽관을 통해 들어오는 지용성 영양소는 림프관을 통해 가슴을 지나가는 **가슴 림프관**을 지나서 왼쪽 빗장뼈 아래 정맥에서 혈관으로 합쳐져 심장으로 들어갑니다. 그후엔 수용성 영양소와 마찬가지로 혈액 순환을 따라 온몸을 순환하지요.

많이 복잡했나요? 수용성 영양소와 지용성 영양소가 흡수되어 이동하는 경로를 정리해 볼게요.

수용성 영양소의 이동

수용성 영양소 → 융털의 모세 혈관 → 간문맥 → 간 → 간정맥 → 심장

지용성 영양소의 이동

지용성 영양소 → 융털의 암죽관 → 림프관 → 가슴 림프관 → 심장

소화 기관은 우리가 먹은 음식을 참 알뜰하게 흡수했어요. 이렇게 소화하고 흡수한 영양소는 우리 몸의 필요한 곳으로 가서 요긴하게 쓰입니다. 소화하느라 긴 시간 동안 고생한 소화 기관계에게 고맙네요. 이제 음식물은 오랫동안 잘 씹어서 먹도록 해요.

먹어야 산다 vs 살아야 먹는다

세상에는 먹을 것이 많고 맛있는 것도 많아요. 먹는 것 또한 즐거운 일이지요. 그런데 우리는 왜 꼭 먹어야 할까요?

간단히 이야기하면, 살아가는 데 에너지가 필요하기 때문이에요. 물론 양분뿐 아니라 양분을 분해하기 위해서는 산소가 필요하고요. 모아 온 양분과 산소를 적재적소에 가져다 주기 위해서는 혈액도 필요하지요. 거기에 에너지를 만들고 남은 노폐물을 버리는 곳도 필요하고요.

생명체로서 내가 살아 있기 위해서는 신체의 여러 기관계가 합심해서 에너지를 만들어 내야 합니다. 에너지를 만들기 위해 먹고 소화하는 것은 꼭 필요한 과정이지요. 살기 위해서는 먹는 일이 꼭 있어야겠어요. 한편으로 먹는 것이 삶에 큰 즐거움을 주니까 이 역시 중요한 일이라고 할 수 있지요. 먹는다는 건 참으로 오묘한 뜻을 지닌다는 생각이 듭니다.

이것만은 알아 두세요

1. 효소는 우리 몸에서 반응을 일으키는 촉매이며 기질 특이성이 있다.
2. 효소는 온도, pH에 따라 반응 속도가 다르다.
3. 기질의 농도가 높아질수록 효소의 반응 속도는 빨라지다가, 포화 상태가 되면 더 이상 증가하지 않는다.
4. 소화는 기계적 소화와 화학적 소화로 구분할 수 있다.
5. 각 소화 기관마다 분해하는 영양소가 다르다.
6. 입-위-소장을 거치며 분해된 영양소는 소장에서 흡수되고 대장에서는 남은 물을 흡수한다.
7. 수용성 영양소는 융털의 모세 혈관에서 흡수되어 간을 거쳐 심장으로 간다.
8. 지용성 영양소는 융털의 암죽관에서 흡수되어 림프관을 통해 심장으로 간다.

1. 메밀국수에는 무를 갈아서 넣는다. 이렇게 먹으면 어떤 유리한 점이 있을까?

정답

1. 무에 있는 효소가 메밀의 소화를 돕는다.

3. 순환

순환 기관계, 멀고도 가까운 여행을 떠나다

사람 몸속의 혈관 길이를 모두 합치면 10만km나 된다는 사실, 알고 있나요? 내 몸의 이곳저곳을 다니면서 필요한 물질을 가져다주는 내 몸의 집배원, 혈액입니다. 혈액이 돌아다니는 길인 순환 기관에는 심장과 혈관 그리고 림프관이 있어요. 이 기관들이 모여 이루는 순환계는 소화계와 연결되어 흡수한 영양소를 필요한 곳에 운반합니다. 호흡계와 연결되어 각 세포에 산소를 전달해주고, 이산화탄소를 받아오고요, 세포에서 물질대사의 결과 생긴 노폐물을 배설계에 가져다주고, 배설계에서 물을 받아 오지요.

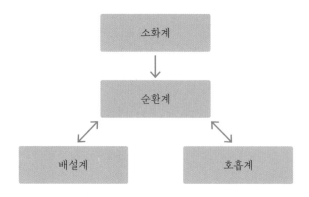

순환 기관계의 구조

첫 번째는 **심장**입니다. 인간의 심장은 가슴 한가운데에 있어요. 윗부분이 두툼하고 아랫부분이 뾰족한 모양을 하고, 가슴 한가운데에서 왼쪽으로 살짝 틀어져 있어요.

심장은 우리가 태어나기 전, 엄마 배 속에 있을 때부터 한 번도 쉬지 않고 뛰고 있어요. 심장이 쉬면 우리가 죽으니까요. 심장이 어떻게 생겼는지 봅시다.

심장은 네 개의 구역으로 나뉘어 있습니다. 위쪽을 **심방**, 아래쪽을 **심실**이라고 불러요. 왼쪽 위에 있으면 좌심방, 아래 있으면 좌심실, 오른쪽 위에 있으면 우심방, 아래에 있으면 우심실이고요. 심방과 심실 사이, 심실과 동맥 사이에는 혈액의 역류를 막는 얇은 판이 있는데, 이 막은 **판막**이라고 불러요.

심방은 좁고 심실은 크지요? 또한, 심실을 이루는 심장벽이 더 두꺼워요. 그래서 심실이 수축하면서 혈액을 더 센 힘으로 쭉 밀어낼 수 있어요. 좌심실의 심장벽이 가장 두꺼운 것도 보이나요? 이곳에서 가장 센 힘으로

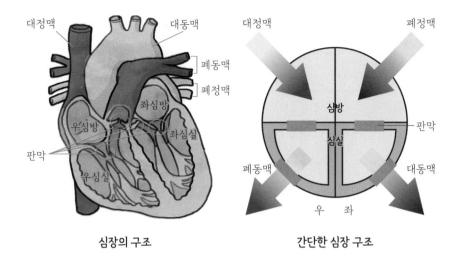

심장의 구조 | 간단한 심장 구조

혈액을 밀어냅니다. 여기에 연결된 대동맥 또한 이 압력을 견딜 수 있도록 튼튼해야 하지요.

각각의 심방과 심실은 혈관이랑 연결되어 있어요. 동맥은 심실에, 정맥은 심방에 연결되어 있습니다. 심장의 구조를 공부할 때 가장 어려운 것이 혈관과 혈액, 각 공간을 연결하는 것입니다. 이렇게 알아둡시다.

> **심실** 동맥과 연결, 동맥은 심장에서 나가는 혈액이 흐른다.
> **심방** 정맥과 연결, 정맥은 심장으로 들어오는 혈액이 흐른다.

그 다음은 **동맥과 정맥 그리고 모세 혈관**입니다. 동맥은 심장에서 나가는 혈액이 흐르는 관이에요. 심장에서 나가는 혈액은 심장이 수축하는 힘으로 밀려 나가게 되어있는데, 이 압력을 견디기 위해서 동맥의 혈관벽은 두껍고 여러 겹으로 되어 있습니다. 이곳을 흐르는 혈액의 속도는 매우 빨라요.

동맥이 점점 심장으로부터 멀어지고 갈라지면서 동맥을 흐르던 혈액은 모세 혈관으로 흐르게 됩니다. 온몸에 퍼져 있는 모세 혈관은 동맥과 달리 한 겹으로 되어 있고, 매우 좁아서 혈액이 지나가기 어려워요. 게다가 전체 면적을 합치면 동맥보다 더 넓어서 혈액이 천천히 흐릅니다. 혈액이 천천히 지나가기 때문에 모든 세포에 필요한 산소와 영양소를 골고루 나누어 주고 노폐물을 받아올 수 있어요.

모세 혈관을 돌아 나온 혈액은 정맥으로 다시 모이게 됩니다. 동맥을 흐르는 혈액은 심장이 수축하면서 밀려 나왔지만, 정맥은 심장의 영향을 받지 못해요. 뒤에 오는 혈액이 밀어주는 힘으로 앞에 있는 혈액이 밀려서 심장까지 흐르게 됩니다. 그래서 속도는 동맥보다 느려요. 속도가 느려서 역류가 일어날까 봐 정맥에도 판막이 있어요.

오래 서 있으면 종아리가 붓는 경우가 있어요. 정맥에서 흐르는 혈액이 원활하게 흐르지 못해서 일어나는 현상입니다. 정맥은 근육이 움직여서

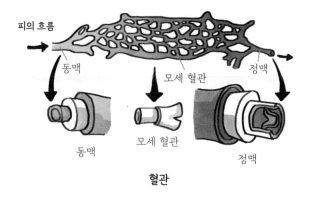

혈관

혈관을 짜주는 힘으로 이동하기 때문이에요. 다리가 붓지 않게 하려면 발을 까딱까딱 움직여서 종아리 근육으로 정맥의 혈액을 밀어 올려 주는 것이 중요해요.

혈액의 성분은?

심장과 혈관의 구조에 대해 알아보았으니, 이제 혈관을 흐르는 혈액에 대해서도 알아보아야겠지요? 혈액은 액체인 **혈장**과 세포 성분인 **혈구**로 구분할 수 있어요. 혈장은 대부분이 물이고, 여러 가지 단백질이나 병원체와 싸우는 항체가 그 안에 녹아 있어요. 세포에서 받은 노폐물, 이산화탄소 등 혈장에 녹아 있는 물질을 운반하지요. 혈장은 투명한 노란색이에요.

혈구는 색깔과 하는 일에 따라 **적혈구, 백혈구, 혈소판**으로 나누어요. 산소를 운반하는 적혈구는 **헤모글로빈**을 가지고 있어서 붉은색이에요. 적혈구는 핵이 없는데, 어릴 때는 핵이 있다가 점점 성숙하면서 핵이 없어져서 접시 모양이 되지요. 이런 모양은 산소를 운반하기에 적절한 형태예요. 적혈구는 산소를 운반하는 일을 하기 때문에 적혈구가 부족하면 빈혈이 나타나요.

혈구 중 가장 덩치가 큰 백혈구는 우리 몸에 들어온 병원체와 싸우는 일을 담당해요. 아프거나 상처가 나서 병원체가 들어오면 그 수가 갑자기 많아지게 됩니다. 백혈구는 아메바처럼 움직이며 세균을 잡아먹어요. 또, 우리 몸을 보호하는 항체를 만드는 일에도 관여합니다. 백혈구가 부족하면 병원균이 들어와도 방어 작용을 잘할 수 없어요. 몸을 보호하는 백혈구

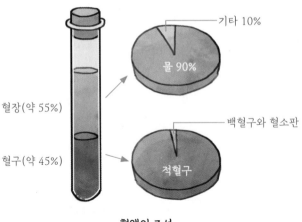

혈장(약 55%)

혈구(약 45%)

기타 10%

물 90%

백혈구와 혈소판

적혈구

혈액의 조성

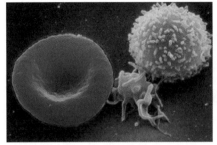

적혈구, 혈소판, 백혈구
- 크기는 과장되어 있음

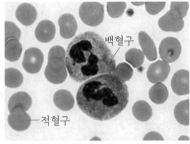

백혈구

적혈구

적혈구와 백혈구 실제 관찰 사진

는 적혈구와 혈소판보다 훨씬 커요.

혈소판은 세포 조각이에요. 핵이 없고 모양이 불규칙합니다. 상처가 나면 곧 피가 멈추고 피딱지가 생기는 것을 본 적이 있을 거예요. 이것이 바로 혈소판이 하는 일입니다.

혈액이 지나는 길

혈액이 내 몸을 지나는 길은 10만 km 정도나 된다고 해요. 혈액의 여행 길은 어떨지 따라가 볼까요?

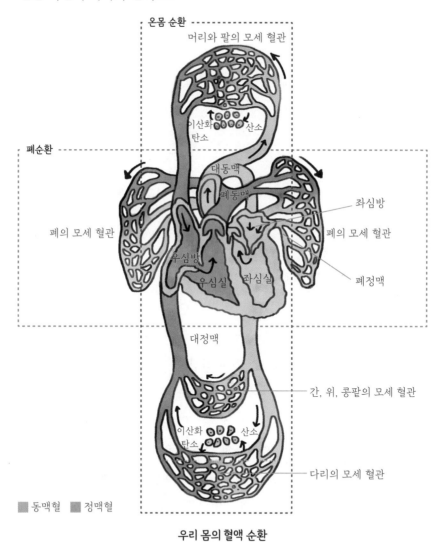

온몸 순환
머리와 팔의 모세 혈관
이산화 탄소
산소
폐순환
대동맥
폐동맥
좌심방
폐의 모세 혈관
폐의 모세 혈관
우심방
폐정맥
우심실
좌심실
대정맥
간, 위, 콩팥의 모세 혈관
이산화 탄소
산소
다리의 모세 혈관
■ 동맥혈 ■ 정맥혈

우리 몸의 혈액 순환

동맥혈? 정맥혈?

혈액의 여행을 시작하기 전에 먼저 혈액의 이름을 잘 알아야 해요. 성분에 따라서 이름이 달라지니까요. 동맥과 정맥은 혈관의 이름이지만, 동맥혈과 정맥혈은 혈액의 이름이에요. 산소가 많으면 동맥혈, 산소가 적으면 정맥혈이지요. 간단히 정리해 볼까요?

동맥혈 산소가 많은 혈액, 대동맥과 폐정맥에 흐른다.

정맥혈 산소가 적은 혈액, 대정맥과 폐동맥에 흐른다.

이제 심장에서부터 출발해서 혈액의 여행을 따라가 봅시다.

온몸을 돌아, 대순환

내 온몸을 여행하는 혈액의 순환을 '온몸 순환' 또는 크게 순환한다고 해서 '대순환'이라고 불러요. 앞 페이지의 〈우리 몸의 혈액 순환〉 그림에서 좌심실을 찾았나요? 좌심실에서 대순환을 시작할 거예요.

심장에서 가장 두꺼운 심벽을 가진 **좌심실**은 가장 두꺼운 혈관을 가진 **대동맥**과 연결되어 있어요. 좌심실이 강하게 수축해서 혈액을 밀어내면 대동맥으로 들어갑니다. 대동맥을 흐르는 혈액은 산소 농도가 높은 **동맥혈**이에요. 이 혈액이 온몸에 영양소와 산소를 운반할 거예요.

동맥은 점점 가지가 갈라지면서 혈액이 온몸의 **모세 혈관**으로 이동하게 됩니다. 모세 혈관은 혈관 자체도 가느다랗지만, 전체를 합친 단면적이 너무 커서 혈액의 속도가 매우 느려요. 찬찬히 모세 혈관을 지나면서 내 몸의 조직에 있는 세포에게 산소와 영양소를 주고, 이산화탄소와 노폐물을 싣고 갑니다. 이 과정을 통해 동맥혈은 **정맥혈**로 성질이 바뀌지요.

모세 혈관을 나온 정맥혈은 가지가 합쳐져서 정맥으로 이동합니다. 정맥이 합쳐져서 가장 큰 정맥, **대정맥**이 돼요. 몸의 정맥에는 정맥혈이 흐르고 있어요. 정맥은 큰 근육이 수축하는 힘에 의해 혈액을 심장으로 올려 보내요. 온몸을 돌아온 정맥혈은 심장의 심방으로 들어갑니다. 체순환은, 좌심실에서 나온 동맥혈이 정맥혈이 되어 **우심방**으로 들어가는 거죠. 우심방에 들어온 혈액은 산소의 농도가 매우 낮아요. 이제 이 혈액을 폐로 보내서, 폐에서 산소를 받아 와야 해요. 폐순환이라고도 불리는 소순환을 시작해 볼까요?

혈액의 재충전, 소순환

우심방으로 들어온 정맥혈은 우심실로 흘러들어 가요. 그런데 우심실이 수축하면 울컥 피가 역류할지도 모르잖아요! 그렇지만 그런 걱정은 뚝! 심방과 심실 사이에는 역류를 방지하는 판막이 있어요. 이 판막이 심실이 수축하는 동안 심방과의 연결을 막아주기 때문에 혈액의 역류를 막을 수 있어요.

여기서 조금 어려운 것은 혈액의 이름과 혈관의 이름이 같지 않다는 거예요. 대정맥을 타고 들어온 정맥혈은 폐동맥을 통해 폐로 가요. 폐동맥을 흐르는 혈액은 산소의 농도가 낮은 정맥혈인데, 혈액이 흐르는 방향이 심장에서 나가는 방향이라 혈관은 동맥이에요. 소순환과 대순환에서 혈관과 혈액의 이름을 잘 알아두어야겠죠?

우심실과 연결된 혈관은 **폐동맥**이에요. 목적지가 폐이고, 심실과 연결된 혈관이라 폐동맥이 되었어요. 하지만 폐동맥에 흐르는 혈액은 온몸을 돌아온 정맥혈입니다. 우심실에서 정맥혈이 폐동맥을 타고 폐에 도착하면, 폐에서 산소를 받아 다시 동맥혈로 성질이 변하게 돼요.

산소 농도가 높아진 동맥혈은 폐정맥을 통해 심장으로 들어갑니다. 심장으로 들어가는 혈액이라 '정맥'을 통해 들어가게 되지요. 그럼 심방과 심실 중 어디로 가게 될까요? 맞아요. 폐정맥은 좌심방에 연결됩니다. 좌심방으로 들어온 혈액은 좌심실로 흘러들어요. 혈액의 재충전은 이것으로 끝, 다시 온몸을 여행하게 되는 거예요.

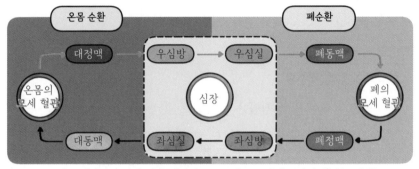

체순환(대순환)과 폐순환(소순환) 모식도

순환계는 우리 몸의 세포가 양분과 산소를 쓸 수 있게 가져다주고, 폐에서는 이산화탄소를 버리고 산소를 받아오는 역할을 해요. 신장에 가서는 요소와 같은 노폐물을 버리고 물을 받아오고요. 이렇게 모든 기관을 연결해서 화학 반응이 일어날 수 있도록 도와줍니다. 매일 지구 두 바퀴 반을 이동하는 것뿐 아니라, 내 몸에서 반응이 잘 일어나도록 돕는 혈액 순환, 참 고맙지 않나요?

이것만은 알아 두세요

1. 심장은 심방과 심실로 구분된다.

2. 심방은 심장으로 들어오는 혈액이, 심실은 심장에서 나가는 혈액이 지나간다.

3. 혈액은 혈장과 적혈구, 백혈구, 혈소판으로 구성된다.

4. 동맥은 심장에서 나가는 혈액이 지나서 혈관벽이 두껍고 혈액의 속도가 빠르다.

5. 모세 혈관은 혈관벽이 얇고 총 표면적이 넓어, 속도가 느리고 물질 교환이 이루어진다.

6. 정맥은 동맥보다 혈액이 흐르는 속도가 느리고, 역류를 막기 위한 판막이 있다.

7. 동맥혈은 산소의 농도가 높고, 정맥혈은 산소의 농도가 낮다.

8. 대순환은 좌심실에서 시작하여 대동맥을 통해 온몸을 돌아 대정맥을 따라 우심방으로 돌아온다.

9. 소순환은 우심실에서 시작하여 폐동맥을 통해 폐를 거쳐 폐정맥을 따라 좌심방으로 돌아온다.

1. 혈액 순환의 경로를 순서대로 써 보자.

2. 각각의 혈구가 하는 일을 써 보자.

정답

1. 대순환: 좌심실-대동맥-동맥-모세 혈관-정맥-대정맥-우심방-우심실
   소순환: 우심실-폐동맥-폐-폐정맥-좌심방-좌심실
2. 적혈구: 산소 운반   백혈구: 균을 죽인다.   혈소판: 혈액 응고

4. 호흡

숨쉬기, 에너지를 만들다

호흡(呼吸)의 호는 '내쉰다'는 뜻이고, 흡은 '들이마신다'는 뜻이에요. 따라서 호흡이란, 숨을 들이마시고 내쉰다는 뜻이지요. 아기가 막 태어났을 때 엉덩이를 찰싹 맞는다는 말을 들어본 적이 있을 거예요. 엄마에게서 나오자마자 아기가 엉덩이를 맞는 이유는 혼자 숨을 쉬지 못할까봐 첫 호흡을 하도록 돕기 위해서예요. 그전까지 자신의 힘으로 호흡을 해 본 적이 없으니까요.

그 후로 우리는 호흡하는 것을 의식하지 않고도 매 순간 호흡하고 있어요. 여러분은 여러분 마음대로 호흡을 멈춰본 적이 있나요? 잠깐은 숨을 참더라도 다시 터지듯이 이어졌을 거예요. 호흡은 내가 느끼지 못할 정도로 쉽지만, 내 맘대로 할 수 없을 정도로 어려운 일입니다.

사람의 숨쉬기와 관련된 기관을 호흡 기관계라고 해요. 호흡 기관계에 들어 있는 기관은 입과 코, 공기가 지나가는 기관과 기관지, 배와 가슴 부분을 가로지르는 횡격막, 무엇보다도 폐가 있습니다.

공기가 지나가는 길, 호흡 기관계의 구조

호흡 기관 중 가장 큰 장기는 단연코 **폐**예요. 폐는 하나의 장기가 아니라 좌우 한 개씩 한 쌍이 있어요. 오른쪽은 세 부분으로, 왼쪽은 두 부분으로 나뉘어 있지요. 폐를 확대하면 세포막 한 겹으로 된 주머니가 여러 개 모여 있다는 것을 알 수 있는데, 꼭 포도송이 같이 생겼습니다. 이것을 **폐포**라고 불러요. 폐포는 모세 혈관이 감싸고 있어요.

기관과 기관지에 대해서도 알아볼까요? 입과 코를 통해 따뜻하게 데워

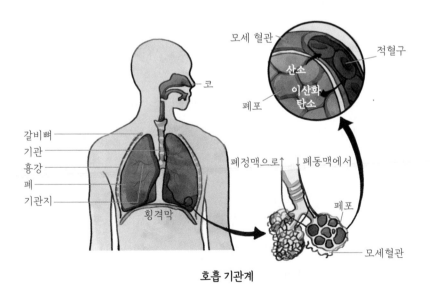

호흡 기관계

진 공기는 기관을 지나 폐로 갑니다. 기관은 공기가 지나가는 길이라는 뜻이에요. 기관은 기관지로 점점 더 작게 나뉘어 폐와 연결됩니다.

갈비뼈와 횡격막도 빼먹을 수 없어요. 폐는 아래가 횡격막으로 막혀서 배와 구분되고, 가슴 전체는 갈비뼈로 둘러싸여 보호받고 있어요. 횡격막과 갈비뼈가 움직이는 것은 우리가 숨을 쉬는 것과 연결되어 있습니다.

호흡, 숨쉬기는 어떻게 일어나나?

호흡은 공기를 들이마시고 내쉬는 작용이에요. 그런데 우리가 헉헉거리며 숨 쉬는 것만 호흡이 아니고, 세포에서 에너지를 만드는 과정도 호흡이라고 불러요. 각 과정이 어떻게 일어나는지 알아볼까요?

들숨과 날숨이 일어나는 과정

폐는 스스로 움직일 수가 없어요. 그래서 폐를 감싸고 있는 갈비뼈와 횡격막의 이동에 따라 커지거나 작아지면서 내부의 공기를 뱉어내기도 하고, 들이마시기도 합니다.

폐를 흉내 낸 모형을 관찰해 볼까요? 투명한 플라스틱 컵의 바닥에 구멍을 뚫고 구부러지는 빨대를 맞붙여 꽂아 Y자로 갈라지게 설치한 뒤, 밀봉하고 풍선 끝을 고무줄로 감아 고정했어요. 플라스틱 컵의 입구는 고무풍선으로 막을 만들어 막았습니다. 이제 이 모형의 고무막을 잡아당기거나 놓으면서 내부의 고무풍선이 어떻게 바뀌는지 관찰해 봐요.

고무막을 당기면 플라스틱 컵 내부의 공간이 넓어집니다. 안에 들어 있

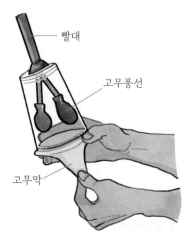

들숨일 때 폐의 운동을 흉내낸 모형

는 공기는 그대로인데, 공간만 넓어지니까 압력이 낮아져요. 압력이 낮아지니까 빈 공간만큼 컵 바깥쪽과 연결된 빨대로 공기가 들어와 안쪽에 있는 풍선이 부풀게 됩니다. 이제 고무막을 밀면 어떻게 될까요? 반대로 플라스틱 컵 안의 공간이 작아지니까 압력이 높아지겠지요. 빨대에 달린 풍선에서 공기가 밀려나가 쪼그라드는 것을 볼 수 있어요.

실제로도 **들숨**일 때는 횡격막이 내려가고 갈비뼈가 올라가서, 가슴통 내부의 부피가 늘어나고 코를 통해 폐로 공기가 들어오게 됩니다. **날숨**일 때에는 횡격막이 올라가고 갈비뼈가 내려가서 가슴통 내부의 부피가 줄어들고, 숨이 밀려 나가게 되지요.

실험에서 각 부분이 무엇을 흉내 낸 것인지 눈치 챘나요? 투명한 플라스틱 컵은 우리 갈비뼈를 흉내 낸 거예요. 구부러진 빨대는 기관과 기관지를, 빨대 끝에 있는 풍선은 폐를 흉내 낸 것이지요.

이 모형은 실제와 조금 다른 점이 있어요. 실제로 우리 몸에서는 갈비뼈

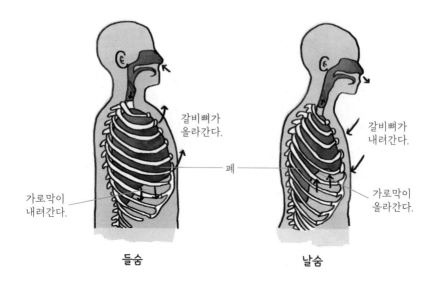

갈비뼈가
올라간다.

갈비뼈가
내려간다.

폐

가로막이
내려간다.

가로막이
올라간다.

들숨

날숨

가 폐와 딱 붙어 있어요. 숨을 쉴 때 주의 깊게 한번 보세요. 숨 쉴 때마다 갈비뼈가 위아래로 움직이죠? 그런데 모형에서는 가만히 있는 것처럼 나타나는 게 실제와 달라요.

기체 교환의 원리

횡격막과 갈비뼈의 운동으로 몸에 들어온 공기는 폐에서 혈액에 실리게 돼요. 이때 기체는 **확산**에 의해 이동합니다. 확산이란 농도가 높은 곳에서 낮은 곳으로 분자가 직접 이동하는 것을 말해요. 집에 맛있는 음식이 있으면 현관문을 열자마자 냄새가 나기 시작해서 주방으로 갈수록 더욱 냄새가 진해지는데, 이게 확산의 대표적인 예입니다. 주방의 음식 냄새 분자가 농도가 높은 음식 주변에서 농도가 낮은 집 전체로 퍼지기 때문이거든요.

폐를 이루는 **폐포**와 모세 혈관은 한 겹의 세포막으로 되어 있어서 기

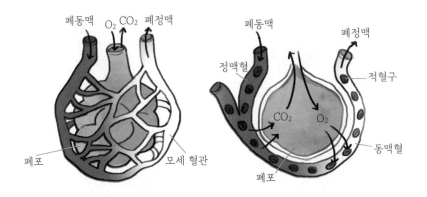

체들이 통과할 수 있어요. 기체가 이동하는 과정을 확산으로 설명해 볼까요?

몸속에서의 기체 교환

폐포를 감싸는 모세 혈관으로 들어온 혈액은 정맥혈이에요. 온몸을 돌고 심장에서 폐로 온 혈액이죠. 이 혈액은 이산화탄소 농도는 높고 산소 농도는 매우 낮아요. 폐포 속에 있는 공기는 외부에서 들어온 공기예요. 혈액과 농도를 비교하자면 이산화탄소 농도는 낮고 산소 농도는 높아요. 그러면 기체는 어떻게 이동하게 될까요?

여기서 중요한 건 이동 방향을 생각할 때, 산소보다 이산화탄소의 농도가 높아서 이동한다고 생각하지 않는 거예요. 이산화탄소는 이산화탄소끼리, 산소는 산소끼리 비교해야 해요. 몸을 돌고 온 혈액에서 이산화탄소의 농도는 혈액과 폐포 중 어디가 높을까요? 혈액 속이 높겠죠? 그래서 이산화탄소는 혈액에서 폐포로 이동하는 거예요.

산소를 생각해 볼게요. 혈액과 폐포 중 산소의 농도는 폐포가 높겠지요.

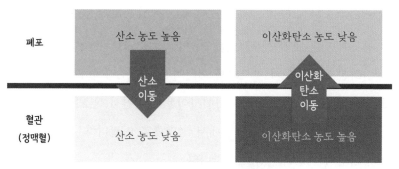

폐포에서의 기체 교환 원리

따라서 산소의 이동 방향은 폐포에서 혈액이 되지요.

자, 이제 정맥혈은 이산화탄소를 폐포로 보내고 산소를 받아 왔으니 더 이상 정맥혈이 아니에요. 동맥혈이 된 혈액은 다시 온몸으로 돌기 위해 심장으로 들어갈 거예요. 폐에서 심장으로 가는 폐정맥을 타고 좌심방으로 먼저 간 다음에 말이지요.

폐포에서뿐만 아니라 혈액은 같은 원리로 온몸의 세포에 산소와 영양소를 주고, 이산화탄소와 노폐물을 제거합니다.

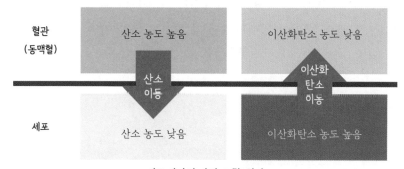

세포에서의 기체 교환 원리

세포는 산소의 농도가 낮기 때문에 산소의 농도가 높은 동맥혈에서 산소의 농도가 낮은 조직 세포로 산소가 이동하게 돼요. 조직 세포는 혈액보다 이산화탄소의 농도가 높으니까 이산화탄소가 조직에서 혈액으로 이동하게 되고요. 모세 혈관이 세포 사이사이를 지나면서 산소를 주고 이산화탄소를 받아오면, 혈액은 동맥혈에서 정맥혈로 바뀝니다. 온몸을 돌아온 혈액은 대정맥을 통해 심장으로 갑니다.

세포 호흡? 세포에 산소는 왜 가져다주는 건데?

동맥혈로부터 받은 산소는 세포에서 영양소와 함께 세포 호흡의 재료로 쓰입니다. 세포 호흡은 세포에서 영양소를 분해하여 에너지를 내는 반응이에요. 여기서 만들어지는 에너지는 우리가 숨을 쉬고, 심장이 뛰고, 달리고, 먹고, 말하는 모든 활동에 쓰이게 되지요. 그렇기 때문에 먹고, 마시고, 숨 쉬는 것은 세포 호흡으로 에너지를 만들어 내기 위해서라고 생각해도 틀린 말은 아니에요.

에너지를 만들고 나면 영양소가 분해되고, 노폐물로 물과 이산화탄소가 나오게 돼요. 이것이 정맥혈에 실려 혈관을 따라 긴 여행길에 오르게 되는 거죠.

1. 호흡계에는 입, 코, 폐, 기관, 기관지가 포함된다.

2. 폐는 스스로 운동하지 않는다.

3. 호기는 숨을 내쉬는 것으로, 갈비뼈가 내려가고 횡격막이 올라가 폐가 수축될 때 일어난다.

4. 흡기는 숨을 들이마시는 것으로, 갈비뼈가 올라가고 횡격막이 내려가 폐가 확장될 때 일어난다.

5. 확산에 의해 몸 안에서 기체 교환이 일어난다.

6. 호흡을 통해 얻은 산소는 양분을 분해하여 에너지를 만드는 데 사용된다.

풀어 볼까? 문제!

1. 호흡 운동이 일어날 때 갈비뼈와 횡격막, 흉강 속의 부피와 폐의 압력 변화를 써 보자.

	갈비뼈	횡격막	흉강의 부피	폐의 압력
숨을 들이마실 때				
숨을 내쉴 때				

2. 세포와 혈액에서 산소와 이산화탄소가 교환되는 과정을 설명해 보자.

정답

1.

	갈비뼈	횡격막	흉강의 부피	폐의 압력
숨을 들이마실 때	올라간다	내려간다	커진다	낮아진다
숨을 내쉴 때	내려간다	올라간다	작아진다	높아진다

2. 세포에 도착한 혈액은 세포보다 산소의 농도가 높으므로 산소는 혈액에서 세포로 이동하고, 이산화탄소는 세포가 혈액보다 높으므로 세포에서 혈액으로 실리게 된다.

5. 배설

배설계, 내 몸의 정수기

절에 있는 변소를 부르는 말, 해우소를 들어본 적 있나요? 해우소는 걱정이 해결되는 곳이라는 뜻이에요. 우리 몸에도 해우소 같은 일을 하는 곳이 있어요.

우리 몸이 에너지를 만들고 나면 노폐물이 생기기 마련입니다. 그러면 노폐물은 몸 밖으로 버려야 하지요. 오래 가지고 있으면 근심 걱정이 되고 병이 될 수도 있어요. 우리 몸의 해우소, 배설 기관계는 어떤 일을 할까요?

배설 기관계, 배출 기관이 아니고?

내 몸의 노폐물을 몸 밖으로 내보내는 기관이 배설 기관입니다. 배설에 관련된 기관은 콩팥, 오줌관, 방광, 요도가 있어요. 이 기관이 모여 배설 기관계를 구성합니다. 그런데 항문은 왜 배설 기관에 들어가지 않을까요? 배설은 세포 호흡으로 에너지가 분해된 후 생성된 노폐물을 내보내는 작업이에요. 오줌은 세포 호흡의 노폐물이지만, 대변은 소화 기관을 거쳐도 소화되지 않은 채 몸 밖으로 나가는 물질입니다. 그래서 대변은 '배출'한다고 하고, 오줌은 '배설'한다고 하는 거예요. 아직도 일상생활에서는 모두 배설물이라고 하지만, 엄밀히 이야기하자면 '배출물'은 항문으로 나오는 소화의 잔여물, '배설물'은 신장에서 만들어지는 세포 호흡의 노폐물이 되는 겁니다.

하나씩 살펴보자, 배설 기관

① 신장(콩팥)

배설 기관계의 가장 대표적인 배설 기관은 신장이에요. 신장은 콩처럼

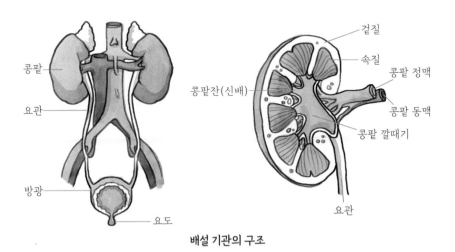

배설 기관의 구조

생겼는데 팥과 같은 색깔을 가져서 콩팥이라고도 불러요. 허리 뒤쪽, 열중
쉬어를 하면 손이 닿는 부분에 콩팥이 있어요. 콩팥의 단면을 보면 피부와
가까운 **겉질**, 그 속에 있는 **속질**과 오줌이 모이는 빈 공간인 **콩팥 깔대기**
로 되어 있어요.

② **네프론**

네프론은 오줌을 만드는 단위예요. 네프론은 사구체를 감싸는 **보먼주**
머니와 모세 혈관 덩어리인 **사구체**, 얇은 관인 **세뇨관**으로 이루어져 있어
요. 보먼주머니와 사구체는 이탈리아의 과학자인 말피기(Marcello Malpighi)
가 발견해서 **말피기 소체**라고 불리지요. 양쪽 콩팥에 모두 합쳐서 약 250
만 개 정도의 네프론이 있어요.

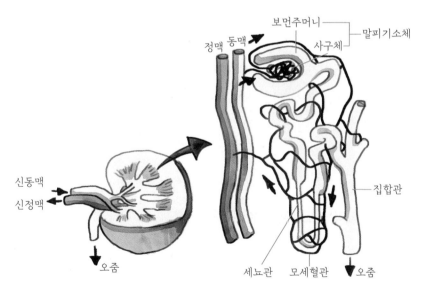

네프론의 구조

세뇨관의 주변으로는 모세 혈관이 둘러싸고 있어요. 우리 몸에서 버려지는 물질이 세뇨관을 통해 이동하는 동안 혹시 잘못 버리는 것이 있다면 다시 흡수하고, 미처 못 버리고 혈액 속에 남아 있는 것이 있으면 버릴 수 있는 구조예요.

③ 콩팥 동맥, 콩팥 정맥

콩팥 동맥은 심장에서 나와 콩팥으로 들어오는 혈액이 흐르는 혈관이에요. 이 혈액은 노폐물의 농도가 높은 혈액이지요. 콩팥 동맥을 통해 들어온 혈액은 콩팥을 지나면서 노폐물이 제거된 후, 콩팥 정맥을 따라 심장으로 들어가게 됩니다.

④ 오줌관과 방광, 요도

콩팥에서 만들어진 오줌은 오줌관을 타고 방광에 모입니다. 우리 몸은 항상 오줌을 만들고 있지만, 그렇다고 항상 화장실에 가 있지는 않잖아요? 그 이유는 만들어진 오줌을 방광에 모으기 때문이에요. 오줌이 어느 정도 모이면 방광이 '화장실 가고 싶다'는 신호를 보내, 우리가 화장실로 가게 만드는 거죠. 방광에 모인 소변은 요도를 통해 오줌으로 나오게 됩니다.

콩팥에서 버리는 노폐물은 뭐예요?

소화 기관을 통해 소화된 포도당, 지방산, 아미노산은 온몸에서 흡수되어 쓰이고 나면 물과 이산화탄소를 남기고 사라지게 됩니다. 버려지는 물

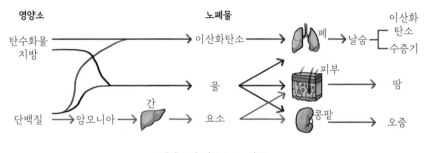

영양소가 만드는 노폐물

질인 이산화탄소는 폐로, 물은 폐와 콩팥으로 가서 몸 밖으로 배출되지요. 아미노산은 **질소**를 포함하기 때문에 분해될 때 물, 이산화탄소 외에 암모니아도 만들어요. **암모니아**는 독성이 있어서 우리 몸을 오래 돌아다니면 가는 곳마다 문제를 일으킬 수 있어요. 그래서 암모니아는 간에서 독성이 적은 **요소**로 바뀌어 콩팥으로 간 후 몸 밖으로 내보내져요. 그럼 이제, 물과 요소를 버리는 오줌이 어떻게 만들어지는지 알아봅시다.

콩팥에서 버려지는 노폐물은 오줌이 되어 몸 밖으로 나가게 됩니다. 포도당, 지방산, 아미노산이 분해되면 공통으로 물과 이산화탄소를 생성한다고 했었죠? 이 중 물이 오줌으로 버려지게 되는 겁니다. 또한, 아미노산이 분해되어 만들어진 암모니아는 간에서 요소로 바뀌고, 신장에서 오줌을 통해 몸 밖으로 버려지고요.

오줌은 어떤 역할?

오줌은 우리 몸에 생긴 노폐물을 걸러 버리도록 만들어주는 역할을 하지요. 뿐만 아니라 우리 몸에 있는 체액의 농도를 맞춰주는 일도 합니다. 여름에 수박을 많이 먹고 나면, 화장실에 자주 갔던 경험이 있을 거예요.

수박의 수분이 우리 몸에 너무 많이 들어오면 체액의 농도가 낮아지겠죠? 그러면 오줌의 양을 늘려서 농도를 맞추는 거예요.

오줌이 만들어지는 원리

오줌은 여과와 재흡수, 분비에 의해 만들어져요. **여과**는 콩과 모래를 체로 분리하듯, 크기에 따라 분리하는 작용입니다. 사구체와 보먼주머니 사이에서 일어나요. **재흡수와 분비**는 세뇨관과 세뇨관 주변에 있는 모세 혈관에서 일어나는 일입니다. 세뇨관을 흐르는 액체는 오줌이 되어 몸 밖으로 버려질 운명이거든요. 그런데 그중에 혹시 더 쓸 수 있는 것이 있다면 다시 모세 혈관으로 흡수해요. 반대로 버려야 하는데 아직도 모세 혈관 속 혈액에 있는 물질이라면 세뇨관으로 버리게 되는데 이것이 분비예요.

말피기 소체를 통과한 물질, 원뇨

콩팥 동맥을 통해 콩팥으로 들어온 혈액은 사구체를 지나가게 됩니다. 사구체는 매우 가느다란 혈관이 뭉쳐 있는 곳이죠. 너무 좁아서 혈액이 지

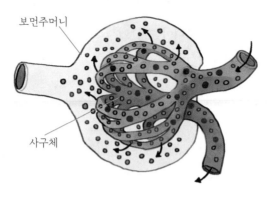

사구체와 보먼주머니(말피기 소체)

나가기 힘들어요.

이때 사구체를 지나가면서 혈액에 있는 물질 중 덩치가 큰 적혈구나 단백질 말고, 물, 포도당, 아미노산, 무기 염류, 요소가 여과되어 보먼주머니로 이동해요. 이렇게 보먼주머니로 여과된 액체는 세뇨관을 따라 이동하게 되지요.

사구체에서 보먼주머니로 여과된 액체는 **원뇨**라고 불러요. 대부분이 물인 원뇨는 세뇨관을 흐르게 되지요. 세뇨관은 '오줌을 만드는 가느다란 관'이라는 뜻이에요. 원뇨 속의 물은 99% 정도가 세뇨관에서 모세 혈관으로 재흡수됩니다. 이때 물만 이동하는 것은 아니고 무기 염류, 바이타민 등 우리 몸에 필요한 물질도 함께 이동해요. 신기하게도 노폐물인 요소도 재흡수가 일어나요.

두둥! 여기서 잊으면 안 되는 것이 하나 있어요. 우리 몸에서 소중히 쓰여야 하는데, 덩치가 작아서 사구체에서 보먼주머니로 여과되었던 물질이 있어요. 바로 아미노산과 포도당이에요. 이 물질은 버리기 너무 아까워서 100% 모두 재흡수가 일어납니다. 잊지 마세요. 신장 질환이 없는 사람에게서 **포도당과 아미노산은 무조건 재흡수**가 일어나요.

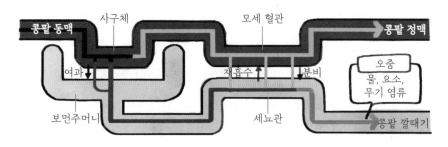

세뇨관에서의 재흡수와 분비

한편, 세뇨관과 모세 혈관이 나란히 흐르면서 혈관 속에는 미처 여과되지 못한 노폐물이 남아 있을 수 있어요. 예를 들어, 바이타민C 음료를 너무 많이 먹으면 오줌의 색깔이 노랗게 되는 것을 본 적이 있지요? 우리가 먹은 바이타민C 중 필요한 양 말고 나머지는 모두 오줌으로 나가게 되어요. 대부분은 사구체에서 여과되었겠지만, 그렇지 못한 것은 세뇨관과 나란히 있는 모세 혈관에서 분비되는 거죠. 세뇨관으로 말이지요.

오줌의 역할

컬래버레이션의 결정체, 소화 - 순환 - 호흡 - 배설

소화와 순환, 호흡과 배설의 전 과정은 서로가 잘 맞춰진 퍼즐처럼 맞물려 돌아가고 있어요. 호흡에서 공부했던 세포 호흡은 세포에서 영양소와 산소를 받아 에너지를 내고, 노폐물로 물과 이산화탄소를 만드는 반응이에요. 광합성에서 공부했던 호흡의 반응식을 기억하나요?

> **호흡** 포도당 + 산소 → 이산화탄소 + 물 + 에너지

단순해 보이는 이 과정은 결코 단순한 것이 아니에요. 포도당을 받기 위해 음식물은 소화계에서 8시간도 넘는 긴 길을 지나가야 해요. 공기 중의 산소를 들이마시기 위해서 횡격막과 갈비뼈는 우리 몰래 얼마나 많이 오르락내리락했을까요. 산소는 폐에서 혈액으로, 다시 세포로 폴짝폴짝

이동해야 했고요. 이렇게 얻게 된 포도당과 산소를 온몸 구석구석에 전하느라, 오늘도 혈액은 무려 지구 2바퀴 반에 해당하는 혈관을 뱅글뱅글 돌아요.

에너지를 내고 나면 생기는 노폐물을 처리하기 위해 다시 순환계를 통해 폐와 콩팥으로 노폐물을 전달하는 우리의 순환계! 콩팥은 혈액으로부터 받은 물질을 버려야 할지 말아야 할지 고민하지 않을까요?

고생했다고 이제 쉬라고 말하고 싶지만, 이들이 쉬었다간 우리가 영영 쉬게 될 테니 그럴 수도 없네요. 평안해 보이는 하루를 위해 내 몸에서 이렇게 열심히 일하고 있는 소화, 순환, 호흡, 배설계에게 깊은 감사를!!

이것만은 알아 두세요

1. 배설계는 콩팥, 요도, 방광, 오줌관으로 구성된다.

2. 네프론(신단위)은 사구체, 보먼주머니, 세뇨관이다.

3. 포도당, 아미노산, 지방은 노폐물로 이산화탄소와 물을 만든다. 아미노산은 암
   모니아를 만든다.

4. 암모니아는 간에서 독성이 낮은 요소로 전환되어 오줌으로 배설된다.

5. 오줌은 네프론에서 여과, 재흡수, 분비에 의해 만들어진다.

6. 세뇨관에서 아미노산, 포도당은 100% 재흡수가 일어난다.

풀어 볼까? 문제!

1. 다음 표는 콩팥 동맥과 원뇨, 오줌에 있는 물질의 성분비를 나타낸 것이다. 단백질이 원뇨에서 0인 이유와 포도당이 오줌에서만 0인 이유는 무엇인가?

성분	콩팥 동맥	원뇨	오줌
단백질	8.0	0	0
포도당	0.1	0.1	0
요소	0.03	0.03	2.0

정답

1. 단백질은 사구체에서 보먼주머니로 여과되지 않아 원뇨에서 발견되지 않고, 포도당은 여과는 되었으나 세뇨관에서 모두 재흡수되었기 때문에 원뇨에서 발견되지만 오줌에서 발견되지 않는다.

스포츠 담당 빠르다 기자

[속보]0.1초만 느렸어도… 너무 빨라 놓쳐 버린 금메달의 꿈

오늘 스포츠 기사 헤드라인인가요?

그런데 누구 얘기인 거죠?

스포츠 담당 빠르다 기자

오늘 세계육상선수권대회 100m 달리기에 서 우리나라 대표 빛속력 선수가 부정출발 로 실격되고 말았습니다.

0.1초는 왜 기사제목에 있는 거예요?

스포츠 담당 빠르다 기자

출발 총성 후 0.1초 내에 움직였거든요 ㅜㅜ
사람이라면 그 시간 내에 움직일 수가 없다
고 합니다.

 수습 심박해 기자

[단독] 몸보신은 나중에. 도핑테스트에 딱
걸린 민간요법

 수습 심박해 기자

높이뛰기 나점프선수가 허리 통증에 좋다
는 지네환을 먹고 도핑테스트에 걸려서
실격되었다는 소식입니다.

어떤 기사를 메인으로 해야 하나?

그래! 결심했어!!!

(+) [단독속보] 과한 욕심이 부른 실격 릴레이 ☺ #

" 스포츠 경기를 할 때 제대로 실력을 보여주지도 못하고 실격되면 정말 슬플 거예요. 하지만 공정한 경기를 위해서는 한 치의 틈도 없이 감시해야 합니다. 실격인지 아닌지는 어떻게 결정되는 것일까요?

또한, 극히 적은 양의 약물도 찾아낸다는 도핑 테스트! 말 그대로 엄청 적은 양으로도 실격이 되었어요. 우리 몸이 이렇게 큰데 그 적은 양의 약물이 얼마나 영향을 준다고 그러는 걸까요?

우리 몸이 출발 총성에 반응하고, 호르몬에 의해 조절되는 과정을 알아보도록 해요. "

1. 감각 기관

세상 감지의 최전선

우리 몸은 세포로 되어 있어요. 세포는 막으로 둘러싸여 환경과 구분되어 있지요. 하지만 비닐봉지 안에 들어 있는 것처럼 완전히 분리되지는 않아요. 살아가기 위해 바깥에 있는 물질을 받아들이기도 하고, 세포에서 만든 것을 바깥으로 내보내기도 합니다. 그래서 필요한 물질이 있는 곳으로 움직일 수 있다면 살아가는 데 훨씬 유리하게 됩니다.

산소를 이용해서 에너지를 만드는 생물은 산소가 많은 곳을 향해서 이동하고, 스스로 빛을 이용해서 양분을 만드는 생물은 빛이 있는 곳을 향해 이동하는 능력이 있어야 잘 살아가겠죠? 또, 빛이 풍부한 곳에 천적이 있다면 빛을 피해서 도망가기도 하겠죠?

이렇게 생물은 자기에게 필요한 것으로 향하거나 위험한 것을 피하면서 현명하게 살아야 해요. 그렇지 못한 생명체라면 금방 지구상에서 사라지고 말 테니까요. 그러다 보니 생명체가 환경의 특성을 파악하는 일은 매우 중요해졌습니다. 정보를 잘 수집하면 할수록 살아가는 데 훨씬 유리하거든요. 그래서인지 생물들은 환경을 더 잘 파악할 수 있도록 변해왔어요. 몸을 이루는 세포 중에서 어떤 것은 빛을, 어떤 것은 진동을, 어떤 것은 화학 물질을 잘 포착하게 되었지요. 이렇게 포착된 정보들은 생명체가 적절하게 행동하는 데 매우 중요한 것들이에요. 그래서 많은 생물이 매우 예민한 감각을 가지고 있지요.

그렇다면 우리는 어떤 정보를 감지하고 있으며, 그 정보를 잘 감지하기 위해서 어떤 특징을 가졌는지 지금부터 알아보기로 해요.

시각, 빛나는 세상을 그리다

동쪽 하늘에서 빛이 서서히 세상을 향해 퍼져 나오고 있습니다. 빛이 닿는 곳마다 회색이었던 것들이 천천히 그 본연의 색을 드러내며 빛나게 되지요. 이 세상을 이루는 만물은 태양 빛과 밀고 당기기를 하면서, 어떤 빛은 받아들이고 어떤 빛은 거부하며 반사해 버립니다. 식물의 이파리에서 쫓겨난 빛들이 모여 초록색을, 열매에서 쫓겨난 빛들이 모여 붉은색을 띠고 있네요. 흥미롭게도 쫓겨난 빛이 그 물체를 드러내는 특징 색이 된답니다. 이렇게 빛을 반사해서 자신을 드러낸 물체들을 알아보기 위해서는 반사된 빛을 감지하는 부분이 있어야 하겠죠? 바로 '눈'입니다.

같은 듯 다른 눈의 세계

동물들은 대부분 눈을 가지고 있어요. 눈은 아주 복잡한 구조를 하고 있는데, 동물들의 눈을 보면 무척 다양하다는 걸 알 수 있답니다. 곤충의 모자이크 눈, 사람이나 오징어의 카메라눈, 플라나리아의 안점 등이 있어요.

이 중 가장 단순한 게 플라나리아의 **안점**이에요. 아래 사진을 보면 눈이 가운데로 몰려 있는 것처럼 생겼죠? 안점은 편평하지 않고 컵 모양으로 오목하게 파여 있는데, 이렇게 안쪽으로 오목하게 들어가면 빛이 오는 방향에 따라 어떤 부위에는 그림자가 생기고, 어떤 부위에는 빛이 많이 닿게 되지요. 그렇게 각 부분별로 빛을 감지하는 정도가 다릅니다. 이를 통해 빛이 오는 방향을 파악할 수 있는 단순한 구조를 하고 있어요.

이에 비하면 사람은 눈은 너무나도 정교하고 그 능력도 어마어마합니다. 빛 입자가 하나만 있어도 감지할 수 있을 정도예요. 또한, 바로 눈앞의 물건을 보다가 저 멀리 수평선을 쳐다볼 때, 초점을 변화시키는 데 0.3초도 걸리지 않죠. 그런데 이렇게 복잡한 사람의 눈도 플라나리아의 단순한 안점으로부터 시작되었답니다. 사람의 눈을 보면 탁구공처럼 생긴 안구의 앞쪽에 '동공'이라는 작은 구멍이 뚫려 있는 모습을 하고 있어요. 플라나

파리의 모자이크 눈

오징어의 카메라눈

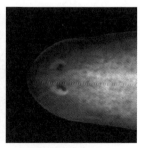
플라나리아의 안점

리아의 단순한 안점이 점점 더 안쪽으로 파인 모양으로 바뀌고, 빛이 들어오는 입구는 좁아지게 되면서 변해간 모습입니다.

눈을 찡그려서 보거나 검지를 최대한 구부려서 눈앞에 대고, 구부러진 틈으로 본 적이 있나요? 신기하게도 사물이 좀 더 선명하게 보인답니다. 이것을 핀홀 효과, 즉 '바늘구멍 효과'라고 하는데, 좁아진 입구로 빛이 들어오면서 더 선명하게 물체를 볼 수 있게 되는 것이죠. 앵무조개의 눈이 바로 이런 구조를 하고 있어요.

여기서 좀 더 변해가다가 눈의 입구를 보호하던 막에 투명한 단백질이 모여서 빛을 모으는 수정체가 되고 더 넓은 시야를 가질 수 있게 되었어요. 이렇게 우리의 눈은 오랜 시간 서서히 변해오면서 오늘에 이르렀죠. 인간처럼 렌즈가 장착된 눈을 **카메라눈**이라고 해요. 그리고 바다에서 형성된 눈이 육지에서도 빛의 왜곡 없이 잘 작동하기 위해 눈은 항상 젖어 있는 상태를 유지하고 있는 거예요. 눈이 건조해지면 눈을 뜨기도 힘들지만 앞이 잘 보이지 않는 것이 이런 이유랍니다.

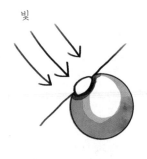

카메라눈

- 안점이 점점 더 안쪽으로 오목하게 들어간 모양

앵무조개의 눈

- 안쪽으로 많이 오목하게 들어간 모양

눈이 건조할 때 촉촉하게 만들어 주는 인공눈물

정밀한 카메라, 사람의 눈

눈에 대해 좀 더 말하기 전에 눈을 구성하는 중요한 부분들을 먼저 알아 볼게요. 사람의 눈을 앞에서 보면 **흰자위**와 **홍채** 그리고 가운데에 눈동자라고 불리는 **동공**이 보입니다. 사실 가장 앞쪽에는 눈을 보호하는 투명한 막인 **결막**과 **각막**이 있는데, 투명해서 없는 것처럼 보이죠.

눈 안으로 빛이 들어올 수 있는 부분은 동공밖에 없는데, 너무 작습니다. 어두운 밤에 손전등을 이용해서 주변을 살펴본 적이 있을 거예요. 주변을 제대로 파악하기 위해서는 손전등을 이리저리 돌려가며 다 훑어보아야 전체를 알 수 있죠. 만약에 우리 눈 안으로 손전등처럼 빛이 들어온다면 끊임없이 눈을 굴려야 할 겁니다. 우리가 눈을 바쁘게 움직이지 않고도 넓은 공간을 파악할 수 있는 이유는 무엇일까요? 바로 동공의 바로 안쪽에 있는 볼록 렌즈인 **수정체** 덕분입니다. 주변의 빛을 모아주기 때문에 넓은 공간의 빛이 좁은 동공을 통해 눈 안으로 들어올 수 있는 것입니다.

눈 주변을 만져보면 우리의 눈이 탁구공처럼 생긴 것을 알 수 있어요.

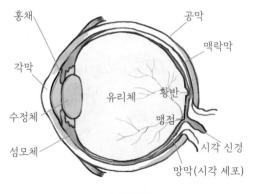

눈의 구조

앞에서 본 눈의 모습

또한, 눈은 여러 겹의 막으로 되어 있죠. 흰자위 부분인 **공막**이 제일 바깥쪽, 그 안쪽에 빛의 산란을 막아 암실 효과를 주고 양분도 공급하는 검은색 **맥락막**이 있지요. 가장 안쪽에는 빛을 감지할 수 있는 시각 세포가 있는 **망막**이 있습니다.

눈이 빛을 감지하기 위해 가장 중요한 것은 시각 세포가 있는 망막과 빛이 들어오는 입구인 **동공**이에요. 빛을 잘 감지하기 위해서는 무엇이 더 필요할까요? 빛의 산란을 막아 주는 검은색 맥락막과 넓은 공간의 빛을 눈의 안쪽으로 모아주는 **수정체**, 그리고 주변의 밝기에 따라 적절한 양의 빛만 들어올 수 있도록 조절하는 **홍채**일 겁니다.

빛은 동공을 통해 눈 안으로 들어오면서 수정체에 의해 굴절되고, 빛을 감지하는 능력이 있는 망막에 맺히게 됩니다. 망막 중에서 가장 많은 빛이 닿는 곳에는 시각 세포 중에서도 좀 더 능력자들이 있어요. 이 부분을 **황반**이라고 해요. 황반에는 붉은빛(R), 초록빛(G), 파란빛(B)에 각각 반응하는 시각 세포들이 밀도 높게 배치되어 있죠. 이 시각 세포들이 각각 얼마만큼씩 빛에 반응하는지에 따라 여러 가지 색을 구분할 수 있게 된답니다.

'빛의 삼원색'이라고 들어본 기억이 있나요? 빛의 삼원색은 바로 눈에서 색을 구분하는 데 쓰이는 시각 세포들이 가지는 능력을 말하는 거예요.

생각보다 허술한 사람의 눈

우리의 눈은 너무도 정밀해서 거친 자연에 의해 만들어졌다고 믿을 수 없다며 신이 창조한 증거로 생각하는 사람들도 있어요. 그런데 눈은 엉뚱한 부분 때문에 완벽함하고는 거리가 있답니다.

빛 신호는 시각 신경을 통해 뇌까지 전달됩니다. 그런데 이 시각 신경이 주책없이 망막의 앞쪽으로 뻗어 나와서 시각 세포를 가리기도 하고, 시각 신경이 모여서 안구 바깥으로 빠져나가는 **맹점**에는 시각 세포가 없어서 여기에 맺힌 상은 감지할 수도 없답니다.

오징어는 사람과 똑같은 카메라눈을 가지고 있는데, 시각 세포 뒤쪽으로 시각 신경이 뻗어 있어서 시각 세포를 방해하지 않고, 맹점도 없이 자연스럽게 안구 뒤쪽으로 빠져나가죠. 우리의 눈이 그나마 다행인 것은 두 개를 가지고 있어서 한쪽 눈의 맹점에 맺힌 상이 다른 쪽 눈에서는 맹점이 아닌 곳에 맺히기 때문에 우리가 보는 장면 중에서 사라진 부분은 없

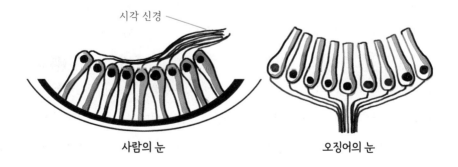

시각 신경

사람의 눈　　　　　오징어의 눈

다는 거예요. 하지만 우리 눈이 최고라고 어디 가서 자랑하기에는 좀 부족하겠죠.

잘 보기 위한 실시간 밝기 조절 작용

우리 눈의 강점은 어떠한 상황에서도 정확한 상을 본다는 것입니다. 이렇게 정확한 상을 보기 위해서 눈은 끊임없이 무언가를 하고 있지요. 그 작업 중 가장 중요한 것이 두 가지 있습니다. 하나는 눈 안으로 들어오는 빛의 양을 적절하게 조절하는 것이에요. 나머지 하나는 내가 보고자 하는 사물의 위치가 가깝거나 멀거나 선명하게 볼 수 있게 하는 것이지요.

홍채는 얇은 근육입니다. 홍채를 이루는 둥근 모양의 근육(환상근)과 방사형의 근육(종주근)이 수축하고 이완하면서 동공의 크기를 조절하지요. 홍채 근육에 의해 희미한 빛에서는 동공의 크기가 커지고, 밝은 빛에서는 동공의 크기가 작아지도록 조절됩니다. 이것을 **홍채 반사** 또는 **동공 반사**라고 합니다. 의사 선생님이 의식이 없는 환자의 눈에 손전등을 비추는 것을 본 적이 있을 거예요. 사망하거나 뇌 신경에 심각한 문제가 생겼을 때는 홍채 반사가 일어나지 않고 동공이 열려 있는 상태이기 때문에 이를 확

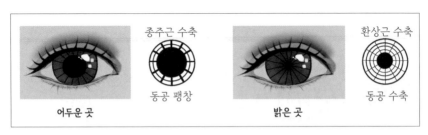

동공의 크기 조절

동공의 크기에 따른 호감도 차이
- 같은 인물이어도 동공의 크기가 큰 쪽에 대한 호감도가 더 높은 편

인하는 겁니다. 동공의 크기는 주변 빛의 양에 따라 달라지는데, 마음 상태에 따라서 변화가 일어나기도 한답니다. 좋아하는 것을 볼 때 동공이 살짝 더 커지게 되지요. 그래서 좋아하는 이성을 볼 때 동공이 커지게 되고, 상대방도 이를 눈치 챌 수 있어요. 마음을 숨기기가 쉽지 않겠죠? 그래서인지 눈동자가 큰 사람의 눈을 보면 동공이 큰 것으로 착각을 하고, 호감을 느끼게 된다고 합니다. 서클 렌즈를 끼면 더 예뻐 보이는 이유가 여기에 있습니다.

잘 보기 위한 실시간 거리 조절 작용

검지를 위쪽으로 세운 다음 팔을 뻗어서 손가락을 바라보세요. 그리고 바로 손가락 너머 뒤편의 다른 물체를 바라보세요. 그리고 다시 손가락을 바라보세요. 초점이 바로바로 바뀌죠? 이렇게 가까운 곳과 먼 곳을 바라볼 때 초점이 바로바로 바뀌는 이유는 수정체의 두께가 바로바로 바뀌기 때문입니다.

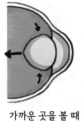

가까운 곳을 볼 때   먼 곳을 볼 때

주변 근육의 변화에 따라 변하는 수정체의 두께

수정체는 근육으로 되어 있지 않아서 수정체를 잡은 인대와 그 인대에 연결된 근육에 의해 조절되는데, 매우 빠르게 이완과 수축을 할 수 있어요. 이 때문에 멀고 가까운 것 중 어느 것을 보더라도 재빠르게 초점을 맞출 수 있는 거죠. 가까운 곳을 볼 때 수정체의 두께가 두꺼워지고, 먼 곳을 볼 때 얇아집니다. 그런데 나이가 들면 수정체의 탄력이 떨어져서 얇아져 버립니다. 그래서 가까이 있는 것을 보기가 쉽지 않게 되죠. 이렇게 나이가 들면서 가까운 곳의 물체에 초점을 잘 맞추지 못하는 것을 '노안'이라고 해요. 이때 돋보기를 사용해서 얇아진 수정체가 못 하는 일을 대신하기도 합니다. 최근에는 아예 인공 수정체로 갈아 끼우는 노안 교정술로 이런 문제를 해결하기도 한답니다.

청각, 공간의 떨림을 모으다

세상은 많은 소리로 가득합니다. 머리를 말릴 때 사용하는 헤어드라이어의 윙윙거리는 소리, 빗방울이 창문에 부딪치며 떨어지는 소리, 저 멀리에서 꾸르륵꾸르륵 뭔가 얘기하는 새의 지저귐…. 소리는 공기의 떨림을 통해 우리 귀로 전해져 와요.

귓바퀴 너머 보이지 않는 곳

얼굴의 양쪽에 있는 귀는 사실 귀 전체의 일부분에 지나지 않습니다. 귀가 크거나 작기도 하고, 둥글거나 납작한 사람도 있는데, 우리가 귀라고 생각하는 부분은 소리를 모아주는 역할을 하는 **귓바퀴**입니다. 소리를 듣는 과정의 첫 관문이라고 할 수 있죠.

귀는 크게 외이, 중이, 내이로 구분합니다. 고막을 경계로 귓바퀴와 외이도는 **외이**에 해당하며, 망치뼈, 모루뼈, 등자뼈로 구성된 귓속뼈가 있는 부분이 **중이**, 달팽이관과 반고리관이 있는 부분이 **내이**예요.

귀지를 제거하느라 면봉이나 귀이개를 넣어본 적이 있는 곳은 **외이도** 입니다. 귀지는 귀를 보호하기 위해 분비되는 왁스 성분인데, 무리하게 제거하려다가 심한 염증에 시달리거나 염증에 의해 고막이 뚫리는 경우가 종종 일어난다고 하니 조심해야 해요. 외이도의 끝에는 얇은 막인 **고막**이

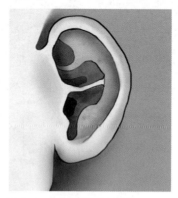

귓바퀴 - 소리를 모아주는 역할

있습니다. 정상인 고막은 빛이 나고 투명하고 진줏빛 회색이며, 고막 안쪽의 공간에서 코인두로 연결된 가는 관인 귀 인두관에 의해 압력이 유지되면서 팽팽한 상태를 유지하고 있어요. 고막에는 몸속에서 가장 작은 뼈인 **귓속뼈** 3개가 연속적으로 연결되어 있고, 그 끝이 **달팽이관**에 연결되어 있어요. 달팽이관의 위쪽으로는 **반고리관**이 3개 있습니다.

기체로 시작해서 액체로

그런데 소리를 들을 때 액체가 없다면 들을 수 없다는 사실을 알고 있나요? 무언가를 감지해 낼 때의 과정을 자세히 들여다보면, 신기하게도

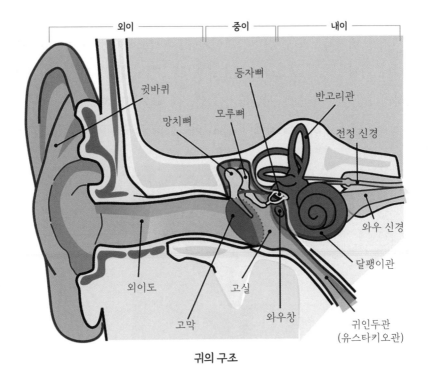

귀의 구조

감각 세포가 액체에 잠겨 있답니다. 귀의 구조 중에서 가장 안쪽에 있는 달팽이관과 왕관처럼 위쪽으로 들린 3개의 가는 관인 반고리관 안에는 림프액이라는 액체가 가득 차 있어요. 소리는 공기를 통해서 전달되는 자극이지만, 막상 청각 세포는 림프액의 파동을 감지하면서 소리를 감지하게 되지요. 소리뿐만 아니라 빙글빙글 회전하는 감각도 림프액의 흐름을 감지하며 느끼게 됩니다.

바람도 아니고 피부로 느껴지지도 않는 공기의 약한 진동이 림프액을 흔들어야만 감지가 되기 때문에 공기의 진동만으로는 쉽지 않은 일입니다. 이 문제를 해결해 주는 게 바로 3개의 귓속뼈입니다. 몸에 있는 뼈 중에서 가장 작은 뼈 세 종류가 귓속에 들어 있는 거죠. 그리고 이 뼈들은 느슨하게 서로 연결되어 있습니다.

리듬 체조 선수가 리본을 예쁘게 돌리는 모습을 떠올려 보세요. 손으로 잡고 흔든 부분보다 반대쪽 끝이 흔들리는 폭이 매우 크다는 것을 알 수 있을 거예요. 그것처럼 느슨하게 연결된 3개의 뼈 중 처음 뼈의 끝에 작은 진동이 전달되면 가장 마지막 뼈의 진동은 매우 커지게 됩니다. 그리고 고

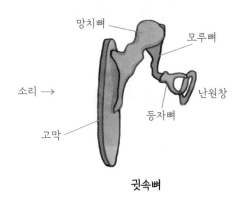

귓속뼈

막과 비교해 귓속뼈의 단면적이 작으므로 귓속뼈가 받는 압력도 커지게 되지요. 이렇게 진동이 증폭되고 나면 마지막 뼈에 연결된 달팽이관의 입구와 같은 얇은 막이 엄청나게 흔들리며 내부의 림프액에 큰 파동이 생기게 되는 거예요.

달팽이관의 건반, 뇌에서 하모니를

커다란 귓바퀴로 모여들어 동시에 귓속으로 들어오는 소리는 정말 다양합니다. 그런데 신기하게도 이 소리를 구분해 내지요. 어떻게 이런 일이 가능할까요? 달팽이관에 그 비밀이 있습니다. 돌돌 말려 있는 달팽이관을 편다고 상상해 보세요. 길어지겠죠? 길게 뻗어 있는 달팽이관의 가장 앞쪽부터 끝 부분은 각각 다른 높이의 소리를 감지합니다. 앞부분은 높은 소리, 끝 부분으로 갈수록 낮은 소리를 감지하죠. 강약에 따라서 파동을 감

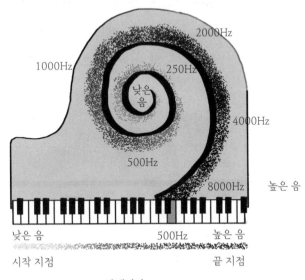

달팽이관

지할 수 있는 청각 세포의 수가 달라지게 돼요. 그래서 다양한 소리가 귓속에 들어오더라도 각각의 청각 세포가 감지한 정보는 각각 뇌로 전달되어 구분할 수 있는 거랍니다.

마치 다른 음들의 건반을 쳐서 멋진 음악을 만들어내는 것처럼, 달팽이관 속에서 다른 소리를 감지하는 청각 세포들이 신호를 뇌로 보내면 뇌에서는 그 건반들의 음을 멋진 하모니로 해석해 내는 것과 같지요.

3차원 공간을 느끼는 평형 감각

귀는 몸의 회전이나 움직임 등을 느끼는 **평형 감각**도 담당합니다. 코끼리 코를 하고 빙글빙글 돌거나 회전하는 놀이 기구를 탔을 때와 같이 몸이 회전하면 반고리관에서 상하좌우 어느 방향으로 회전하는지 자극을 받아들이고, 몸이 움직이거나 기울어지면 전정 기관에서 기울어진 정도에 대해 자극을 받아들입니다. 이 자극이 평형 감각 신경을 통해 뇌로 전달되어 몸의 균형을 유지할 수 있는 거랍니다.

버스를 타고 멀리 여행을 가기 전에 귀밑에 붙이는 패치를 챙기는 사람들이 있습니다. 멀미를 할 때 속이 울렁거리기 마련인데, 귀밑에 패치를 붙여서 해결하다니 뭔가 이상하다고 생각이 될 거예요. 멀미가 나는 이유는 자동차나 배, 비행기와 같이 진동하며 움직이는 물체 안에 있을 때, 몸의 균형을 담당하는 **전정 기관**은 움직임을 느끼는데 반해 차나 배, 비행기 안에서 움직임이 없는 사물을 보는 눈은 움직임을 느끼지 못하기 때문이에요. 이 혼돈의 상태에서 뇌가 귀로부터 균형을 잡으라는 자극을 과도하게 받으면 위장과 연결된 신경도 같이 흥분해 구토나 복통 등의 증상이 나타나게 된답니다.

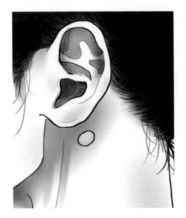

귀밑에 붙이는 패치

귀밑에 붙이는 패치는 피부로 약 성분이 흡수되어 결국 위와 연결된 신경의 작용을 억제하는 역할을 해요. 그래서 꼭 귀밑에 붙이지 않아도 상관은 없어요. 붙이는 부위보다 더 중요한 것은 신경의 작용을 억제하다 보니 다른 부작용이 생길 수 있다는 겁니다. 심한 경우는 환각 증세까지 올 수 있어요. 그래서 어린이는 의사의 처방전을 받아야만 사용할 수 있습니다. 이렇게 부작용이 걱정되는 멀미약을 사용하지 않고 멀미를 하지 않는 방법이 있을까요? 몸의 흔들림과 눈으로 보는 것을 일치시켜 주면 멀미가 덜 하게 된답니다. 버스의 맨 앞자리에서 변화하는 풍경을 보거나, 아예 눈을 감고 있는 것도 도움이 될 수 있어요.

피부 감각, 접촉으로 환경을 읽다

'에엥~' 소리를 내며 밤새 잠도 못 자게 하는 모기 때문에 괴로웠던 적이 있지요. 따끔거리고 간질거리는 느낌이 나서 쳐다보니 이미 모기에게 물리고 난 다음이네요. 빨갛게 부어오르고 간질간질한 것이 기분이 영 좋지 않습니다. 모기가 물고 있을 때 알아챘더라면 모기를 잡을 수 있었을 텐데 아쉽기만 하지요. 조금만 더 피부가 예민했더라면 어땠을까요? 그래도 마찬가지였을 거예요. 사람의 피부 감각 예민도에 맞게 모기도 진화해 왔을 테니까요.

우리 몸은 안 보이는 점 투성이

뾰족한 주삿바늘은 생각하기도 싫지만 어쩔 수 없이 주사를 맞아야 할 때가 있죠. 엉덩이를 찰싹 때린 후 곧바로 주사를 놓는 간호사가 원망스럽기도 하지만 나름 아픔을 덜 느끼도록 하는 기법이라고 하네요.

잘 느끼지 못해도, 너무 잘 느껴도 문제가 있는 것 같아요. 우리는 피부에서 열, 접촉, 압력 등을 자극으로 받아들여 차가움, 따뜻함, 촉감, 눌림,

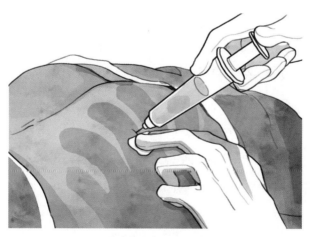

엉덩이 주사를 맞을 때

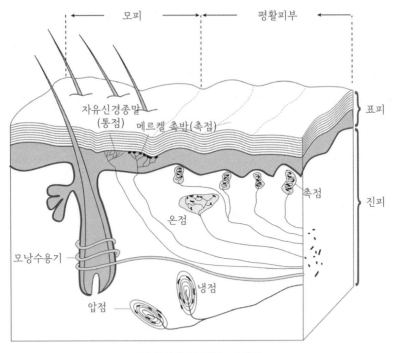

피부 감각을 담당하는 감각점

통증을 느끼는데 이러한 감각을 **피부 감각**이라고 합니다. 피부 감각을 담당하는 **감각점**은 신경 말단의 형태가 각각 다른 형태와 기능을 가지고 있는 부분이며 **냉점, 온점, 촉점, 압점, 통점**은 각각 다른 자극을 감각해요.

열 군데 깨물어서 덜 아픈 곳 있다

자극의 크기에 따라 우리 피부는 일정 범위의 자극을 감지해요. 섬세하게 느낄 수 있는 정도도 몸의 부위나 자극의 종류에 따라 다르답니다. 이쑤시개 2개와 자를 준비해 보세요. 친구를 앞에 앉히고 친구의 등에 1cm 간격으로 이쑤시개 2개를 찌른 후 몇 개를 찔렀는지 맞혀보라고 해 볼까요? 그런 다음 똑같이 1cm 간격으로 손등을 찌른 후 몇 개를 찔렀는지 맞혀보라고도 해 보세요. 당연히 두 경우 모두 두 개라고 얘기할 것 같을 것 같죠? 그런데 의외로 등을 찔렀을 경우 하나라고 답을 할 확률이 높습니다. 심지어 3cm 간격으로 찔러도 하나라고 답할 수도 있어요. 그와는 반대로 손등은 0.5cm 간격으로 찔러도 2개라고 답할 거예요.

휴대폰을 진동 모드로 해서 정수리에 올려놓고 울리게 해 본 적이 있나요? 손에 잡고 있을 때는 강하게 느껴지는 휴대폰의 진동이 정수리에 놓였을 때는 전혀 느껴지지 않아요. 어떻게 된 일일까요?

뜨거운 음식을 먹을 때 꿀꺽 삼키고 나면 뜨거움이 잘 안 느껴진 경험이 있을 거예요. 뜨거운 물체는 우리의 피부를 손상시켜 화상을 입게 합니다. 그래서 뜨거운 것을 피하는 것이지요. 그런데 꿀꺽 삼켰더니 괜찮게 느껴진다면 정말 괜찮은 것일까요? 입속에서 뜨거웠다면 뱉는 게 더 현명한 방법일 거예요.

이쑤시개로 찔러서 관찰할 수 있는 사례, 정수리에서 휴대폰 진동을 느끼지 못하는 사례, 그리고 꿀꺽 삼켰을 때 뜨거운 걸 느끼지 못하게 되는 사례들은 무엇을 말하고 있을까요? 우리 몸 곳곳의 피부 감각을 담당하는 감각점이 불균등하게 분포하고 있다는 사실을 말하고 있습니다. 각각의 감각점은 대뇌의 감각 피질과 서로 대응을 합니다. 대뇌에서 손가락과 입을 담당하는 부위는 넓은 데 반해서 등을 담당하는 부위는 매우 좁답니다. 이렇게 대뇌의 감각 피질이 담당하고 있는 부위를 사람 모형으로 재구성한 것이 감각 호문쿨루스입니다. 다음 페이지의 사진을 보면 부위별로 불균등한 것이 한눈에 들어오죠?

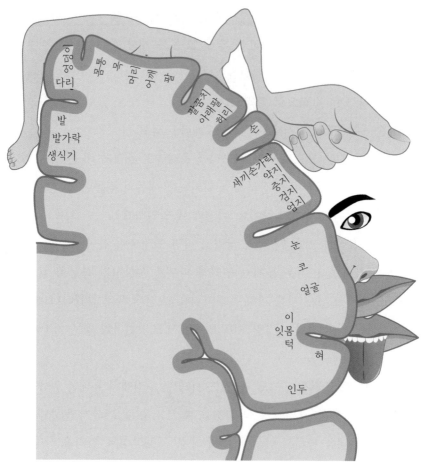

대뇌의 감각 피질이 담당하는 신체 부위

미각과 후각, 화학 물질로부터 나를 지키는 문지기

　빛이나 진동, 접촉과 같은 물리적 자극도 있지만, 화학적 자극도 매우 중요한 정보입니다. 우리 몸에서 화학 물질을 감지하는 곳은 어디일까요?

감각 호문쿨루스
- 대뇌의 감각 피질이 담당하는 신체 부위의 정도에 따라 재구성하여 만든 인체 모형

화학 물질은 혀와 코에서 주로 감지합니다. 화학 물질이 소화 기관으로 들어가기 전에 맛으로, 호흡 기관으로 들어가기 전에 냄새로 느낄 수 있어요. 그 특성을 드러내고 나면 받아들이지 피할지를 판단하게 되지요. 초입부터 확실하게 문지기 역할을 하며 내 몸을 지키는 것이 바로 미각과 후각의 일입니다.

액체의 특성을 알아내는 맛세포

혀가 감지해내는 감각을 **미각**이라고 합니다. 인간이 느낄 수 있는 맛의 종류는 **단맛, 짠맛, 쓴맛, 신맛, 감칠맛** 다섯 가지입니다. 그 이유는 맛을 구별할 수 있는 맛세포의 종류가 다섯 가지이기 때문이지요. 맛세포를 자극하기 위해서는 우선 물에 녹은 상태여야 합니다. 물에 녹은 화학 물질이

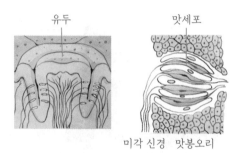

유두　　　　맛세포

미각 신경　맛봉오리

맛세포

혀의 돌기인 유두 옆으로 스며들어 가면 **맛봉오리**에 있는 **맛세포**들이 맛을 감지합니다. 그러면 플라스틱의 맛은 왜 느끼지 못할까요? 플라스틱은 물에 녹지 않기 때문이지요. 물에 녹지 않는 건 맛을 느낄 수가 없어요.

　우리가 맛있다고 느끼는 것에는 어떤 특성이 있을까요? 이것들은 내 몸에 필요한 것이라는 정보를 줍니다. 단맛은 대체로 탄수화물이 들어 있다는 정보를 제공합니다. 짠맛은 우리 몸의 삼투압과 관련되어 몸에 필요한 나트륨 이온이 들어 있다는 정보를 제공하죠. 신맛은 적은 농도일 경우 몸에 필요한 수소 이온을 제공하기 때문에 좋게 받아들여집니다. 하지만 진할 경우 박테리아가 번성하는 상한 과일 등에서 느껴질 수 있는 맛으로, 진한 산성은 조직을 손상시키기 때문에 대개는 피해야 한다는 정보를 제공합니다. 강한 신맛에 코를 찡그리는 모습이 떠오르지요? 쓴맛은 대체로 식물의 독소에서 감지할 수 있는 성분에 대한 정보를 제공하므로 피하게 됩니다. 감칠맛은 단백질이 포함되어 있다는 정보를 제공합니다. 따라서 단맛, 짠맛, 감칠맛은 매우 선호하게 되고, 신맛은 정도에 따라 다르며, 쓴맛은 대체로 피하도록 되어 있어요.

　이렇게 우리 입으로 들어오는 화학 물질은 그 물질이 가지고 있는 정보를 제공하게 되는데, 새롭게 만들어지거나 자연에서 접하기 힘든 화학 물질의 경우 물에 녹아도 아무 맛을 느끼지 못하게 되므로 자칫 위험할 수 있습니다. 그래서 화학 물질의 경우 함부로 맛을 봐서는 안 된다고 하는 것입니다.

맛이지만 맛이 아닌 것

한국 사람들이 좋아하는 맛이 있지요. 알싸하게 매운맛입니다. 그런데 매운맛은 맛세포가 감지하는 정보가 아니랍니다. 매운맛 성분인 고추의 캡사이신, 마늘의 알리신 등은 43℃ 이상의 온도에서 반응하는 통점을 자극하여 화상을 입었을 때와 비슷한 통증을 느끼게 됩니다. 그래서인지 영어에서는 '맵다'와 '뜨겁다'가 모두 'HOT'으로 표현되고 있네요. 혀나 피부에 매운 성분이 닿으면 그 부분이 타고 있다고 생각되어서 땀도 나고 심장 박동도 빨라집니다. 매운맛은 통점이 자극되어 느껴지는 것이라고 단순하게 생각해서 혓바닥을 때리면 매운맛이 느껴질 것이라고 생각하는 경우가 있어요. 하지만 통점에서 자극을 수용하는 수용체가 다양하기 때문에 그렇게 해서는 매운맛을 느낄 수가 없답니다.

식당에서 맛있는 식사를 끝내고 나오는 길에 계산대 옆에 시원한 맛의 사탕이 놓여있습니다. 이 사탕을 먹으면 코가 뻥 뚫리고 입속이 시원해지는 기분이 드는데 이는 사탕 속에 들어 있는 멘톨 성분 때문이지요. 멘톨 성분이 들어 있는 사탕을 먹고 숨을 크게 쉬면 콧속도 시원해지는 기분입니다. 그렇다면 시원한 맛도 느끼는 것인데, 이건 어떻게 느껴지는 것일까요? 실제로 멘톨은 냉점을 자극해서 대뇌에 시원하다는 정보를 제공한답니다.

세상 모든 냄새를 맡아볼까?

따뜻한 물을 붓고 은은하게 퍼지는 향을 맡으며 재스민 차를 한 모금 마시면 마음의 평화가 찾아옵니다. 어쩜 이렇게 좋은 향이 나는 걸까요? 그런데 느닷없이 그 옆을 지나가며 "윽! 똥 냄새!"하고 말하는 사람이 있다면 정말 황당하겠죠? 실제로 이런 경우는 없어요. 하지만 전혀 근거 없는 소리는 아니라고 하네요. 인돌이라는 화학 물질은 재스민 향의 주성분이기도 하지만 썩은 단백질이나 똥 냄새의 주범이기도 하답니다. 아주 적은 농도로 있을 때는 향긋하지만 진한 농도로 있을 때는 피해야 할 향으로 인식을 하는 거죠.

농도 차이만으로도 냄새를 구분해 낼 수 있는 것이 바로 우리의 **후각**입니다. 냄새를 잘 맡으려면 코를 킁킁거려서 호흡을 좀 더 깊게 하기도 하고, 이상한 냄새가 나면 호흡을 잠시 멈추기도 합니다. 그건 바로 냄새를 맡는 기관이 코이기 때문이고 냄새를 감지하는 **후각 상피**가 코의 안쪽 빈 공간인 비강의 윗부분에 있기 때문입니다.

후각 상피의 바로 윗부분에는 뇌와 바로 연결되는 후각 망울이 있어요. 사람의 후각 망울은 작은 편이지만 다른 포유류의 경우 후각 망울이 꽤 큰 편입니다. 직립 보행을 하며 땅으로부터 멀어져서 점점 후각이 약해진 인

비강의 천장에 위치한 후각 상피와 후각 망울

류에 비해, 냄새 정보에 많이 의지하는 동물들에게 후각은 매우 중요한 능력이기 때문이지요.

다섯 가지 맛만 감지하는 미각과는 달리 후각은 수천 가지를 구분해 낼 수 있습니다. 콧속으로 들어온 기체 화학 물질은 비강을 덮고 있는 점액 성분에 녹고 후각 세포의 끝에 있는 섬모에 포착이 됩니다. 포착된 성분 중에 세포가 감지할 수 있는 성분이 있으면 이것을 신호로 바꾸어 뇌까지 전달하게 되지요. 후각 상피에는 후각 세포가 500만 개나 있고, 이 후각 세포에 기체 성분을 구별할 수 있는 수용체의 종류가 1만 개가 넘는다고 합니다. 심지어 후각 세포는 건강한 상태를 계속 유지하려는지 1~2개월마다 새로운 세포로 교체가 됩니다.

지속적인 자극이 있을 때는 이에 적응하여 계속되고 있다고 느끼거나, 피로해져서 감각을 하지 못하는 경우가 감각 시스템의 일반적인 특징입니다. 그래서 소매치기가 시계를 몰래 풀어서 훔쳐 가더라도 시계가 계속 손

목에 있다고 생각하고 얼른 잃어버린 것을 알아차리지 못하거나, 향수를 뿌릴 때는 향기를 느끼지만 조금 지나면 자신의 몸에서 나는 향수 냄새를 맡지 못하는 경우가 생기는 거예요. 이렇게 적응과 피로가 가장 쉽게 나타나는 감각이 바로 후각입니다. 평소 잘 씻고 다녀야 하는 이유도 바로 후각의 피로와 관련이 있습니다. 자신의 몸에서 나는 냄새는 전혀 인식하지 못하기 때문에 남들도 자신의 냄새를 맡지 못할 거라고 생각하면 안 된답니다.

여러 감각의 협동으로 맛나는 세상

여러분은 복숭아 맛과 사과 맛을 잘 구분하나요? 그렇다면 복숭아 맛 젤리와 사과 맛 젤리는 쉽게 구별해 내겠네요. 지금부터 눈을 안대로 가리고 코는 집게로 집어서 막은 후 복숭아 맛 젤리와 사과 맛 젤리를 무작위로 집어서 먹고 바로 무슨 맛인지 말해보세요. 달고 새콤한 맛은 느껴지지만 자신 있게 무슨 맛이라고 말할 수 없을 거예요. 두 젤리는 향이 달라서 맛도 다르게 느껴진 건데, 코를 막으니 향으로 구분할 방법이 없어졌거든요. 이렇게 우리가 느끼는 맛의 정체는 혀에서 느끼는 미각, 그리고 냄새를 느끼는 후각이 함께 작용한 결과입니다. 그리고 온도, 질감 등의 피부 감각과 더불어 색을 느끼는 시각도 함께 맛에 영향을 주게 되지요.

적은 수의 맛만 느끼는 미각에 비해 후각은 엄청나게 많은 화학 물질을 매우 적은 농도만으로도 구별해 냅니다. 그래서 입에 넣기 전에 냄새를 먼저 맡으면 더 정확한 정보를 먼저 얻게 되는 거예요. 입속과 소화 기관에 닿아서 몸을 손상시키기 전에 미리 피할 수 있겠죠? 간혹 맛있는 음식을 바로 먹지 않고 항상 까탈스럽게 냄새를 먼저 맡아보는 사람들이 있습니다. 음식에 대한 예의가 아니라며 핀잔을 주기도 하지만 실은 매우 현명한 행동이네요.

이것만은 알아 두세요

1. 빛을 자극으로 받아들이는 감각을 시각, 공기를 통해 전달된 소리를 자극으로 받아들이는 감각을 청각, 피부에서 차가움, 따뜻함, 촉감 등을 느끼는 감각을 피부 감각이라고 하며, 이 감각들은 물리적 자극을 감지한다.
2. 액체 화학 물질을 자극으로 받아들여 단맛·짠맛·신맛 등을 느끼는 감각을 미각, 기체 화학 물질을 자극으로 받아들여 냄새를 느끼는 감각을 후각이라고 하며, 이 감각들은 화학적 자극을 감지한다.

1. 어두운 영화관에서 영화를 보다가 밝은 바깥으로 나와 먼 산을 쳐다볼 때 우리 눈에서는 어떤 조절 작용이 일어났을까? 그 과정을 단계적으로 적어보자.

2. 교실 문을 열고 선생님께서 들어오자마자 코를 막으시며, 어서 창문을 열고 환기를 하라고 하신다. 그러면서 "지난 시간 체육 수업이었나 보네. 근데 너희는 이 땀 냄새가 안 나니?"라고 한다. 교실로 들어선 선생님과 달리 우리는 교실에서 나는 땀 냄새가 잘 느껴지지 않았는데, 이런 현상이 나타나는 까닭은 무엇일까?

정답

1. 어두운 곳에 있다가 밝은 곳으로 나오면 주변의 빛이 적었다가 많아진 상황이므로 동공의 크기가 큰 상태에서 작아지게 된다. 그리고 영화를 볼 때는 큰 스크린을 가까이에서 쳐다보다가 먼 산을 볼 때는 멀리 있는 것을 보게 되는 것이므로 수정체의 두께가 두꺼운 상태였다가 얇아지게 된다. 이 두 종류의 조절을 종합하면 동공이 크고 수정체가 두꺼운 상태에서 동공이 작아지고, 수정체가 얇아지게 된다고 말할 수 있다.

2. 후각 세포는 쉽게 피로해져서 같은 화학 자극에 계속 노출되면 잘 느끼지 못하기 때문에 한 공간에서 같은 냄새에 계속 노출되었던 학생들은 그 냄새를 느끼지 못하고, 그 공간에 새로 들어서서 처음 그 냄새에 노출된 선생님만 냄새를 느끼게 된 것이다.

2. 신경계와 호르몬

내 몸의 5G 통신, 신경계

하나의 세포로 된 생명체가 살아갈 때는 피해야 할 정보가 있을 때 재빨리 피하고, 세포에 필요한 물질이 있을 때는 그곳을 향해서 다가가면 됩니다. 그런데 여러 세포로 이루어진 다세포 생물에서 어느 한 부분의 세포들이 피해야 할 정보를 감지하고 그 세포들만 피한다면 어떻게 될까요? 아마도 몸이 부스러질 거예요. 여러 세포가 모여서 하나의 생명체를 구성한다면 몸 전체가 그 정보에 따라 움직여야겠죠? 그래서 몸 일부분에서 얻은 정보를 통신해서 다른 부분에도 알려 주어야 합니다.

사람의 몸 안에서 통신을 위해 발달한 게 바로 신경계입니다. 메이저리그에서 뛰고 있는 투수들의 평균 구속은 시속 150km를 훌쩍 넘깁니다. 타

자는 엄청난 속도로 날아오는 공을 보고 야구 방망이를 휘둘러 공을 치죠. 이렇게 공을 감지하고 판단하여 야구 방망이를 휘두르는 과정은 매우 빠르게 진행됩니다. 이와 같이 신체에서 자극을 빠르게 전달하고 판단하여 반응하도록 신호를 보내는 일을 담당하는, 우리 몸의 5G 통신인 신경계의 특징을 살펴보기로 해요.

우리 신경계는 중앙 집권 시스템

갑자기 북한에서 미사일을 발사했다는 소식이 들려왔습니다. 이때 우리 정부의 어느 부처가 가장 예민하게 그 정보를 수집하고 그에 따라 적절한 대응을 해야 할까요? "교육부!"라고 말하는 사람이 있다면 여러분은 그 사람을 이상하다는 듯이 쳐다보겠죠? 중앙 정부의 각 부처가 각각 맡은 바를 잘 처리하며 국가가 건강하게 유지되도록 하는 것처럼 우리 몸의 신경계도 중추 신경계를 구성하는 각각의 요소가 맡은 바를 잘 처리하며 몸이 건강하게 유지되도록 한답니다. 중추 신경계에 소식을 실어 나르고, 중추 신경계가 적절한 대응 지시를 내리면 수행되는 곳까지 명령을 잘 전달해 주는 신경도 있어야겠죠. 환경과 내 몸의 변화를 묵묵히 전하고, 중추의 명령을 꼼꼼하게 전달해 주는 말초 신경계가 중추 신경계와 공고하게 연결되어 착착 돌아가는 중앙 집권 시스템이 바로 우리의 신경계입니다.

여섯 개의 중앙 부처, 중추 신경계

사람의 신경계는 **중추 신경계**와 **말초 신경계**로 구성되는데, 중추 신경계에 해당하는 것이 **뇌**와 **척수**입니다. 뇌는 **대뇌, 소뇌, 중간뇌, 간뇌, 연수** 이렇게 다섯 종류로 구성돼요. 그런데 각각 뇌는 어디에 자리 잡고 있으며, 어떤 분야의 일을 맡아서 처리할까요?

지금부터 여러분이 의사가 되어 뇌 수술을 한다고 상상해 볼게요. 엎드려 누워 있는 환자의 뇌를 본다고 생각하면 여러분 눈에는 두 종류의 뇌만

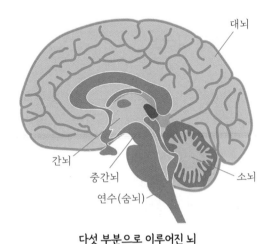

다섯 부분으로 이루어진 뇌

보일 거예요. 구불구불 울퉁불퉁한 대뇌와 아래쪽 소심한 소뇌. 나머지 세 종류의 뇌는 어디에 있는 걸까요? 안쪽에 숨겨져 있어서 보이지 않는 것입니다. 이렇게 꼭꼭 숨겨놓은 건 다 이유가 있어서입니다. 오며 가며 부딪히기도 하고 쿵 넘어지기도 하고, 우여곡절이 많은 우리 몸은 중요한 것일수록 안쪽으로 숨겨놓아야 안전한 걸 잘 알고 있었던 거죠.

내 탓이 아니야 뇌 탓이야! 중2의 변명

대뇌는 두개골 아래에 있는 바깥 부분인 신피질과 내부의 변연계(둘레계통), 기저핵으로 구성되어 있어요. 대뇌는 감각 기관에서 받아들인 자극을 느끼고 판단하여 적절한 신호를 보내 반응하도록 운동 조절을 담당합니다. 그리고 기억, 학습, 추리, 감정 등 다양한 정신 활동을 담당하는데, 대뇌의 모든 부분이 모든 것을 담당하는 것은 아니고 주로 다루는 기능들이 따로 정해져 있어요. 감각을 해석하는 부분과 운동을 조절하는 부분도 다르고, 감정이 만들어지는 부분과 제어되는 부분도 다르답니다.

뇌가 만들어져서 성숙하는 속도도 달라요. 대뇌를 구성하는 부분 중에서 가장 안쪽에 있는 변연계와 이마의 바로 뒤에 있는 전전두엽의 성숙 속도 차이는 청소년기의 특성 중 하나를 설명해 줍니다. 변연계의 성숙은 전전두엽에 비해 더 빠르게 일어납니다. 청소년기에 급속도로 발전하며, 이를 제어할 수 있는 전전두엽의 부분은 천천히 서른 즈음이 될 때까지 계속 성숙되어 간답니다. 이 둘의 차이가 많이 벌어지는 게 바로 청소년기예요. 이 시기에는 감성 체험이 극대화되어 작은 것도 더 절실한 감정으로 깊숙이 남게 됩니다. 이럴 때 좋은 것을 다양하게 많이 접해 보세요. 굳이 강력한 것을 경험하지 않고도 감정의 다양한 깊이와 종류를 느끼고, 창의력이 발휘될 수 있는 자산이 되어줄 거예요.

그런데 한 가지 문제가 있어요. 감정을 제어하는 전전두엽이 너무 느릿느릿 발달하고 있다는 거죠. 감정적으로 행동하지만 이를 충분히 제어하지 못하는 일이 벌어지는 것입니다. 그러니 철없는 행동을 하게 되는 겁니다. 감정이 흐르는 대로 방치하면, 내 인생의 흑역사가 될 수도 있어요.

건강한 몸 상태를 지키는 간뇌

대뇌는 우반구와 좌반구가 있는데, 그 사이에 끼어 있는 뇌가 바로 **간뇌**(사이뇌)입니다. 간뇌는 시상과 시상 하부로 나눌 수 있어요. 시상은 후각을 제외한 거의 모든 감각 정보를 받아서 서로 다른 대뇌 피질에 정보를 전달하는 기능을 합니다. 시상 하부는 **항상성 조절 중추**입니다. 항상성이란 체온을 비롯한 몸속의 상태가 일정하게 유지되는 특성을 말해요. 주위의 온도가 −10℃가 되어도 체온은 36.5℃ 정도로 일정하게 유지되는 것이 대표적인 예입니다.

내 맘대로 안 되는 눈 운동

중간뇌는 간뇌의 아래쪽에 살짝 들어간 좁은 부위입니다. 눈의 무의식적인 움직임, 홍채의 수축 및 이완에 따른 동공 반사를 조절하는 중추예요. 동공의 크기가 반사적으로 조절되는 것은 이해가 가지만 눈이 무의식적으로 움직인다는 것은 생소할 수도 있겠네요. 눈의 방향은 우리가 의식적으로 조절하기도 하지만 어떤 경우에는 의식적으로 조절하기 힘든 상황이 오기도 해요.

당장 체험을 한번 해 볼까요? 두 사람이 마주 보세요. 둘 중에서 눈이 더 큰 사람이 눈을 크게 뜨고 목을 크게 원을 그리며 돌려 볼까요? 목 운동을 하고 있는 친구의 눈을 한번 보세요. 목을 돌리면서 동시에 눈을 반대 방향으로 빙글빙글 돌리고 있는 것을 발견하게 될 거예요. 눈을 돌리지 않고 목 운동을 하는 것은 불가능하답니다.

소뇌 덕에 자연스러운 몸짓

소뇌는 근육 운동을 조절하고, 몸의 균형을 유지하는 기능을 담당합니다. 소뇌는 여러 곳으로부터 오는 신호를 받아서 여러 근육이 효과적으로 협응하도록 통제해 조화로운 운동이 가능하게 하고, 우리 몸의 균형을 잡는 데 중추적인 역할을 해요. 소뇌의 단면을 보면 다른 뇌에 비해 색이 짙은 편입니다. 이것은 신경 세포가 많이 분포하고 있기 때문인데, 뇌 전체 신경 세포의 반 이상이 소뇌에 집중되어 있다고 합니다.

자전거를 처음 배울 때는 어떻게 타는지 생각을 해 보면, 넘어지기도 하고 비틀거리기도 하면서 배우지요. 그런데 계속 반복하다 보면 어느새 능숙하게 타고 있는 자신에게 감탄하기도 합니다. 이렇게 잘 배워 두면 몇 년이 지나서도 자전거를 넘어지지 않고 탈 수 있습니다. 이는 소뇌가 운동을 계속하는 과정에서, 동작에 대해 습득하고 기억하기 때문이에요. 자전거 타기처럼 우리 몸이 획득한 많은 운동 기능에 대한 기억이 소뇌에 잘 저장되어 있어요. 그러니 소뇌는 우리가 모르게 하는 일이 정말 많은 것이지요. 신경 세포가 집중적으로 많이 분포할 만합니다.

생명줄을 쥔 연수

중뇌의 아래쪽이 볼록하게 나와 있는데, 이 부분은 뇌교(다리뇌)라고 합니다. 뇌교는 중추의 기능을 수행하지 않고 뇌들 사이의 정보를 전달하는 역할을 합니다. 뇌교의 아래쪽에 위쪽 부분은 넓고 아랫부분이 점차 좁아지는 형태를 띠고 있으며, 우리의 생명줄을 쥐고 있는 중요한 중추가 있어요. 바로 **연수(숨뇌)**입니다. 연수는 심장 박동과 호흡 운동, 내장의 움직임 등 생명 유지 활동을 조절합니다.

연수는 목 위쪽에서 일어나는 많은 반사의 중추이기도 해요. 음식은 저절로 목구멍 쪽으로 넘어가서 식도를 통해 내려가죠. 먼지가 콧속을 간지럽히면 재채기를 하기도 하고, 기도나 기관지에 먼지나 가래가 있다면 기침을 통해 내보내기도 합니다. 음식이 입안에 들어오면 침이 분비되는 것, 구토, 딸꾹질, 하품 등등 모두 연수가 중추가 되어서 내린 명령으로 수행되는 일이에요.

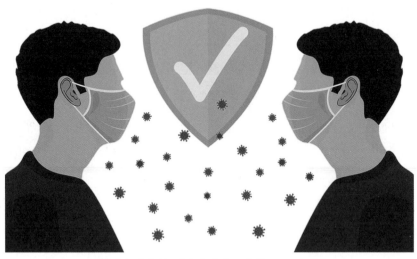

기침이나 재채기는 연수에 의해 조절되는 무조건 반사

빠르게 피하고 싶다면 척수에게 맡겨봐

연수의 바로 아래부터는 **척수**입니다. 척수는 등뼈인 척추 안에 있어요. 뇌와 말초 신경 사이에서 신호를 전달하는 통로 역할을 하지요. 척수를 다치게 되면 마치 섬과 육지를 잇는 다리가 끊어져 서로 정보를 주고받지 못하는 것처럼, 다친 곳에서부터 그 아래쪽의 몸은 뇌에게 어떤 감각 신호도 전달하지 못해요. 뇌가 내린 움직임 명령도 전달받지 못해서 느끼지도 움직이지도 못한답니다.

이렇게 통로로서 역할을 하는 게 매우 중요하겠죠? 하지만 통로 역할을 한다고 해서 중추라고 하지는 않아요. 그런데 척수를 중추라고 부르는 이유는 무얼까요? 스스로 판단해서 명령을 내릴 수 있기 때문이에요. 그렇다면 척수가 중추가 되어서 우리 몸에 명령을 내리는 것에는 무엇이 있을까요?

피부의 감각점에서 매우 강한 신호를 감지했다고 생각해 봅시다. 매우 강한 신호 중에서 우리 몸에 도움이 되는 것은 무엇이 있을까요? 매우 높은 온도, 매우 낮은 온도, 매우 강한 압력, 매우 큰 힘의 접촉, 큰 고통…. 그 어느 것도 우리 몸에 도움이 되는 것은 없습니다. 도움이 안 되는 정도가 아니라 빨리 피해야 할 신호인 거죠. 이렇게 강한 신호가 들어오면 척수는 바로 명령을 내릴 수 있어요. "근육! 빨리 수축해!"라고 말이죠. 뜨거운 냄비에 손이 닿으면 얼른 팔을 움츠리며 피하게 되죠. 길을 가다가 뾰족한 것에 찔리면 얼른 다리를 움츠려 피하게 됩니다. 이런 행동은 자기도 모르게 반사적으로 일어나는 것인데, 이게 바로 척수가 중추가 되어서 내린 명령으로 움직인 **회피 반사**입니다.

의사 선생님이 붉은색 삼각형 망치로 무릎 아래 인대를 가볍게 툭툭 칠

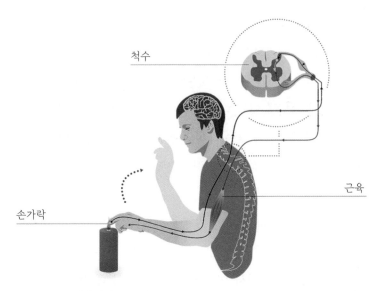

회피 반사 - 뜨거운 것에 닿으면 척수에 의해서 빠르게 근육이 수축한다

척수
근육
손가락

때 다리가 올라가는 것도 척수가 내린 명령에 따라 일어나는 **무릎 반사**입니다. 우리가 살아가면서 무릎 반사를 이용하지는 않지만, 무릎에 연결된 운동 신경에 이상이 있다면 무릎 반사가 제대로 일어나지 않아요. 그래서 다리 어딘가를 다쳤을 때 운동 신경에 이상이 있나 없나를 확인하기 위한 검사 방법으로 무릎 반사를 확인한답니다.

척수는 우리가 매일 여러 번 수행하는 중요한 일을 하는 중추이기도 해요. 바로 오줌과 똥을 누는 것을 조절하는 **배뇨**와 **배변 반사**의 중추입니다. 방광에 적당한 양의 오줌이 채워지면 관련된 근육을 수축 또는 이완시켜서 오줌을 누게 하고, 직장에 똥이 도착하면 마찬가지로 관련된 근육을 수축 이완시켜서 똥을 누게 하는 것이 바로 척수랍니다. 척수가 중추이기 때문에 배뇨와 배변은 자기도 모르게 저절로 일어나는 일인 거죠.

그런데 오줌과 똥을 누는 데 관여하는 근육들은 대뇌의 명령으로도 조절할 수 있는 근육들이에요. 그래서 우리는 훈련을 통해서 저절로 일어나는 배뇨와 배변을 의식적으로도 조절할 수 있는 거랍니다. 훈련이 덜 되면 의식으로 잘 조절할 수 없으니 어릴 때 부모님들이 따로 배변 훈련을 시키는 거예요.

자극과 반응, 처음과 끝을 담당하는 말초 신경계

말초 신경계는 온몸에 퍼져 있어서 중추 신경계와 온몸을 연결해 줍니다. 뻗어 나오는 위치에 따라서 뇌의 앞쪽으로 뻗어 나온 **뇌 신경**과 척수에서 뻗어 나오는 **척수 신경**으로 나눕니다. 기능과 신호의 전달 방향에 따라서 **감각 신경**과 **운동 신경**으로 나누기도 하지요.

감각 신경은 감각 기관을 중추 신경계와 연결하며, 감각 기관에서 받아들인 자극을 중추 신경계로 전달합니다. **운동 신경**은 근육과 같은 반응 기관을 중추 신경계와 연결하며, 중추 신경계에서 보낸 신호를 반응 기관으로 전달하죠. 감각 신경의 신호 전달 방향은 몸의 말단에서 중추를 향해요. 하지만 운동 신경의 전달 방향은 이와 반대로 중추에서 몸의 말단을 향합니다. 이렇게 연결된 감각 신경과 운동 신경에 의해 자극과 반응이 완성되는 거예요.

통신을 위해 태어난 세포

신경 세포의 생김새를 보면 다른 세포들과 정말 많이 다릅니다. 모든 세포들이 자신의 역할을 잘 수행하기 위한 구조를 가지고 있는데, 신경 세포도 마찬가지입니다. 신경 세포의 중요한 역할은 무엇일까요? 바로 통신입니다. 통신을 위해서는 먼저 안테나처럼 정보를 수집할 수 있는 부분이 잘 발달되어 있어야겠죠? 그리고 멀리까지 정보를 잘 보내줘야 할 겁니다. 그런데 신호를 받으면 무조건 전달할까요? 정보를 종합해서 전달할지 말지도 정해야 합니다. 이런 특성을 모두 잘 반영한 것이 바로 신경 세포, 즉 뉴런이에요.

기괴한 뉴런의 생김새, 다 이유가 있어

뉴런의 생김새를 보면 우선 돌기가 매우 잘 발달되어 있다는 걸 알 수 있죠? 여러 곳에서 신호를 받고, 여러 곳으로 정보를 제공해 주는 뉴런답습니다.

뉴런은 **신경 세포체, 가지 돌기, 축삭 돌기**로 이루어져 있어요. **가지 돌기**는 다른 뉴런이나 감각 기관에서 전달된 자극을 받아들이고, **신경 세포체**는 핵과 세포질이 있어 여러 가지 생명 활동이 일어납니다. **축삭 돌기**는 다른 뉴런이나 기관 등으로 자극을 전달하지요.

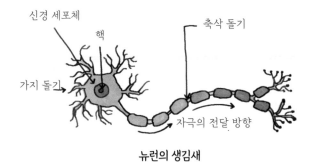

뉴런의 생김새

뉴런은 기능에 따라 **감각 뉴런, 연합 뉴런, 운동 뉴런**으로 구분해요. **감각 뉴런**은 감각 신경을 이루고, **연합 뉴런**은 중추 신경계를 이루며, **운동 뉴런**은 운동 신경을 이루고 있어요. 감각 뉴런은 감각 기관에서 받아들인 자극을 연합 뉴런으로 전달하고, 연합 뉴런은 자극을 느끼고 판단하여 운동 뉴런에 신호를 보냅니다. 운동 뉴런은 연합 뉴런에서 보낸 신호를 반응 기관으로 전달합니다. 이와 같이 뉴런을 통해 자극이 전달되어 적절한 반응이 일어나게 된답니다.

로봇 태권V와 마징가Z가 싸우면 누가 이길까?

"한국이 최고지!" "아니야! 일본이야!"

축구나 야구 같은 스포츠뿐만 아니라 한국과 일본을 비교하는 일에서는 항상 불꽃이 튑니다. 갑론을박 승부가 나지 않는 한일전의 또 다른 주인공이 있습니다. 시대를 풍미했던 거대 로봇 애니메이션의 주인공들, 바로 로보트 태권V와 마징가Z입니다. 사자와 호랑이가 싸우면 누가 이기나 궁금해 하는 것처럼 로보트 태권V와 마징가Z가 싸우면 누가 이길지도 1980년대 어린이들에게는 큰 관심의 대상이었습니다. 그런데 실제로 그 둘을 싸워보게 할 수는 없지요. 그런데 최근 연구 결과를 바탕으로 예상을 해볼 수가 있다고 하네요.

신경계를 구성하는 뉴런 내부에서는 자극이 **전기 신호**로 전달됩니다. 과학자들이 신경에서 발생하는 정보가 전기 신호라는 것을 알게 되자, 많은 일이 가능해졌어요. 뇌에서 발생하는 전기 신호를 수집해서 뇌 상태를 해석하기도 하고, 뇌의 어느 부분에 이상이 있는지도 알아낼 수 있었지요. 그리고 뇌에서 발생하는 신호를 기계에 전달하기도 했어요. 반대로 기계

마징가Z

- 머리 위쪽에 쇠돌이가 앉아서 조정하는대로 움직인다

로 보 트 태권V

- 훈이의 태권도 동작대로 움직인다

가 전기 신호를 뇌에 전달해서 뇌에 새로운 정보를 주기도 한답니다. 브라질 월드컵 때 척수가 끊어져서 발에서 감지되는 느낌을 알 길이 없는 젊은이가 대회를 알리는 시축을 하면서 발에 축구공이 닿는 느낌을 느낄 수 있었던 것도 신경과 전기 신호의 관계를 활용한 기술 덕분이었어요.

이 기술을 잘 활용해서 로보트 태권V가 적을 무찌를 때 사용하는 방법을 재현할 수 있다고 합니다. 주인공 훈이가 태권도를 하면 로보트 태권V가 그 동작을 그대로 따라 하며 싸우는 방식인데, 반응 속도가 0.2초 정도라고 합니다. 그런데 머리 쪽에 앉은 주인공 쇠돌이의 작동에 따라 움직이는 마징가Z는 쇠돌이가 생각하고, 기계를 움직이고, 마징가Z가 반응해서 동작하기까지 0.4~0.8초가 걸린다고 합니다. 속도에서 로보트 태권V를 못 따라가는 것이지요. 예능을 다큐로 받아들인 과학자들 덕분에 미지의 질문 하나에 답을 얻었네요.

그때그때 다른 반응, 빠르거나 신중하거나

대뇌가 소외된 반응, 무조건 반사

버스에 틀어놓은 라디오에서 소개된 사연을 듣다가 태균이는 저도 모르게 웃음이 터졌습니다. "슬리퍼를 신고 다리를 꼬고 앉아 있었는데요, 앞에 서 있던 사람의 핸드백이 제 무릎 아래를 '탁' 친 거예요. 그 순간 갑자기 제 다리가 번쩍 들리더니 슬리퍼가 버스 창밖으로 날아가 버렸지 뭐예요." 버스를 타고 있어서인지 더 실감이 났어요. '나도 조심해야겠네.'라는 생각도 들었습니다.

라디오에 소개된 사연은 바로 **무릎 반사**가 불러온 참사였어요. 자기도 모르게 다리가 들린 이유는 의식을 관장하는 대뇌가 아닌 척수가 내린 명령에 의해서 나타난 반응이기 때문입니다. 우리 몸이 자극에 대해서 반응하는 것은 대뇌에 의해서 의식할 수 있는 반응과 의식하지 못하는 반사가 있습니다. 반사의 경우 대뇌가 내린 명령이 아니라 다른 중추가 내린 명령에 따라 수행되는 반응이지요.

'나도 모르게' '본능적으로' '재빠르게' 일어나는 반응들이 주로 **반사**에 해당됩니다. 대뇌에서 행동에 대한 명령을 내리는 곳은 전두엽(이마엽)과 두정엽(마루엽)의 경계에서 전두엽 쪽에 있는 운동령입니다. 자극이 대뇌에 도착해서 해석되고, 운동령에서 명령을 내리기까지는 그 경로가 다소 긴 편입니다. 이에 비해 다른 중추의 경우 반응에 대한 명령을 내리는 경로가 대뇌를 거치는 경로보다는 짧아서 빠르게, 즉각적으로 반응할 수 있어요.

날아오는 공을 보고 야구 방망이를 휘두르는 것은 자신의 의지에 따라 일어나는 반응입니다. 하지만 공이 갑자기 눈앞으로 날아올 때는 자신의 의지와 관계없이 눈이 감기죠. 두 반응은 모두 신경계를 통해 자극이 전달되어 일어납니다. 이와 같이 우리 몸은 자극을 받았을 때 자신의 의지에 따라 반응하기도 하고, 자신의 의지와 관계없이 반응하기도 해요.

고무망치로 무릎뼈 아래를 치면 자신의 의지에 따라 팔을 드는 반응보다 자신의 의지와 관계없이 다리가 들리는 반응이 더 빠르게 일어납니다. 이러한 차이가 나타나는 까닭은 다리가 들리는 반응이 일어나는 경로가 팔을 드는 반응이 일어나는 경로보다 짧고 단순하기 때문이에요. 고무망치로 무릎뼈 아래를 치면 자극이 감각 신경을 통해 척수로 전달된 다음, 척수에서 바로 운동 신경을 통해 다리 근육으로 신호를 보내 자신도 모르게 다리가 들립니다. 또, 자극이 감각 신경을 통해 피부에서 척수를 거쳐 대뇌로 전달된 다음, 대뇌에서 자극을 느끼고 판단하여 운동 신경을 통해 팔 근육으로 신호를 보내 의식적으로 팔을 들게 됩니다.

대뇌의 판단 과정을 거쳐 자신의 의지에 따라 일어나는 반응을 **의식적 반응**이라고 해요. 이와 달리 대뇌의 판단 과정을 거치지 않아 자신의 의지와 관계없이 일어나는 반응을 **무조건 반사**라고 합니다. 무조건 반사는 매우 빠르게 일어나기 때문에 위험한 상황에서 우리 몸을 보호하는 데 중요한 역할을 한답니다.

내 몸을 지배하는 화학 물질, 호르몬

적당하면 고맙고 조금만 변해도 무서운 화학 물질

"나 고민이 있는데, 요즘 들어 피로가 심해지고 일을 할 의욕도 없어지는 것 같아. 입맛은 없는데 살까지 찌는 것 같아서 영 기분이 좋지 않아. 다시 기운을 차리고 힘차게 살아가게 충고의 말 좀 해줘 봐."

주변에서 이런 말을 하는 사람이 있다면 그 사람의 목을 자세히 살펴보세요. 목 아래쪽이 살짝 부어 있는 것 같다면 당장 병원에 가 보라고 조언해 주시면 됩니다. 이 사람의 증세가 바로 전형적인 갑상샘 기능 저하증 환자에게 나타나는 것들입니다. 그리고 목 아래쪽의 갑상샘이 부어오르기 때문에 외형만으로도 확인할 수 있죠. 꽤나 많은 사람이 갑상샘 기능 저하증에 시달린답니다. 갑상샘은 티록신이라는 호르몬을 분비하는 내분비샘이에요. 티록신은 온몸의 세포들이 열심히 에너지를 생산해 내도록 도와주는 호르몬이고요.

우리 몸 여러 곳에 **내분비샘**이 있습니다. 많은 종류의 호르몬이 분비되

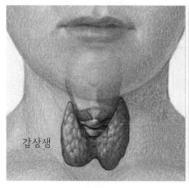

나비 모양을 한 갑상샘

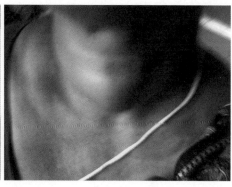

외형으로도 알 수 있을 정도로 부어오른 갑상샘

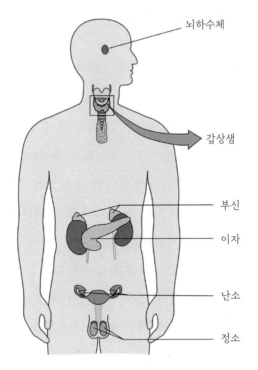

대표적인 내분비샘인 뇌하수체, 갑상샘, 부신, 이자, 난소, 정소

고 있고요. 호르몬은 아주 적은 양으로 몸의 기능을 조절한답니다. 그런데 티록신 단 하나의 호르몬이 적게 분비된다고 우리 몸 전체에 영향을 준다니 믿기지 않지요.

  호르몬은 내분비샘에서 만들어지는 화학 물질인데, 혈액이나 조직액으로 분비됩니다. 호르몬을 만들어서 분비할 수 있는 곳을 내분비샘이라고 하고, 우리 몸에 몇 군데가 있어요. 대표적인 곳을 알아보면 앞서 살펴보았던 간뇌의 아래쪽에 달려 있는 콩알만 한 크기의 뇌하수체, 목 아래쪽에 나비 모양을 하고 있는 갑상샘, 소화액도 많이 분비하는 이자, 정소나 난소 같은 생식선이 있어요.

느리고 넓은 호르몬, 빠르고 좁은 신경

내분비샘에서는 정말 적은 양의 호르몬을 만들어요. 조직액으로 분비되면 서서히 확산되듯이 퍼져나가죠. 혈액을 타고 이동해서 타깃이 되는 표적 기관이나 조직을 지나갈 때도 마찬가지로 그곳에서 퍼져나가듯 이동합니다. 그래서 매우 천천히 이동하는 편이에요. 그에 비하면 신경은 전기 신호를 타고 표적 기관에 정보를 제공하니까 매우 재빠르게 반응이 일어나지요. 하지만 호르몬은 작용 부위의 범위와 지속성에 있어서는 신경보다 우세하답니다. 호르몬과 신경 각각의 장점을 활용해서 우리 몸은 항상성을 유지하며 건강한 상태를 이어나가고 있어요.

변하지 않는 편안함, 항상성을 추구하는 우리의 몸

생물체가 겪게 되는 환경의 변화를 **자극**이라고 하고, 그에 대해 생물체가 보이는 변화를 **반응**이라고 해요. 그리고 생물체가 보이는 반응 중에서 생물체 내의 환경을 일정하면서 좁은 범위 안으로 유지하려는 성질이 있는데 이를 **항상성 유지**라고 합니다. 대표적으로 항상성이 유지되는 특성으로는 체온, 체내 삼투압(체액의 농도), 혈당량 등이 있어요.

세포가 건강해야 온몸이 건강합니다. 그런데 세포의 건강을 지키기 위해서는 일정한 환경을 조성해 주어야 해요. 그래야 세포 안에서 일어나는 화학 반응이 안정적으로 진행될 수 있거든요. 우리 몸이 항상성을 지키기 위해 어떤 노력을 하는지 알아봅시다.

주변이 아무리 변해도 나의 온도는 변하지 않아

마치 태양이 내려앉은 듯 주변이 모두 뜨겁습니다. 운동장 주변의 나무 그늘에 앉아있어도 더위를 피한다는 생각이 들지 않을 정도예요. 친구들의 얼굴을 살펴보니 하나같이 발갛게 상기되어 있고, 이마에서는 땀이 흐르고 있네요. 주위의 온도가 높으면 이렇게 더위를 느끼고 땀을 흘리게 됩니다. 반대로 이른 아침에 하얗게 내려앉은 서리를 밟으며 손가락이 저려올 정도로 차가운 바람을 맞고 있는 걸 상상해 보세요. 주위의 온도가 낮으면 추위를 느끼고 몸이 자기도 모르게 덜덜 떨리게 되지요. 이러한 반응은 주위의 온도 변화에 따라 체온을 일정하게 유지하기 위해 몸에서 일어난 반응입니다.

체온이 정상 범위를 넘어서서 올라간다면 어떻게 해야 하나요? 체온을 내려야겠죠. 그래서 몸 안의 열을 발산시켜서 내보내고, 세포들이 열을 만들어 내지 못하도록 해야 해요. 열을 발산시키는 방법은 다양합니다. 더울 때 땀을 흘리면 피부로 배출된 땀이 증발하며 날아가게 됩니다. 증발 과정에서 기화열을 흡수하게 되는데, 피부가 가지고 있는 열을 가지고 가는 거예요. 증발이 더 빨리 일어난다면 피부의 열을 더 빠르게 가져갈 수 있겠죠? 그래서 부채질을 하거나 선풍기 바람을 쐰다면 증발이 빨리 일어나서 시원해지게 됩니다. 그리고 피부 근처의 혈관이 확장되어 피부 표면 근처에 흐르는 혈액량이 늘어나면서 혈액이 가지고 있던 열이 발산되기도 합니다. 그래서 더울 때는 피부 근처로 흐르는 혈액량이 많아지고, 그로 인해 얼굴이 빨갛게 보이는 거예요.

체온이 정상 범위보다 낮아진다면 어떤 일이 벌어질까요? 체온을 올리기 위한 다각적인 노력을 하겠지요. 열을 바깥으로 뺏기지 않기 위해 최대한 노력을 하고, 열을 만들어서 체온을 올리기도 합니다. 열을 뺏기지 않기 위해서 입모근이 수축해서 소름이 돋게 하고, 피부 근처의 혈관을 수축시켜 피부로 흐르는 혈액량을 줄여서 최대한 혈액이 보유하고 있는 열을 뺏기지 않으려 합니다. 그래서 추운 곳에 오래 노출되어 있으면 몸의 말단 부위의 피부가 특히 혈액을 공급받지 못하여 조직이 손상되는 일이 벌어집니다. 이것이 바로 동상이에요.

열을 만들어내기 위해서 근육을 떨어서 마찰열을 발생시키기도 하고, 어린아이는 갑상샘에서 분비하는 티록신의 작용으로 체온을 조절하기도 합니다. 티록신 분비량이 늘어나면 세포 호흡이 촉진되어 몸에서 열이 많

체온이 오르면
땀을 분비하여 열을 발산한다

체온이 떨어지면
몸을 떨어서 열을 발생시킨다

이 발생하여 체온이 높아지게 되는 것입니다.

밥을 많이 먹어도 걱정 없어요

식사를 하기 전에 할머니께서 손가락을 채혈기로 찌르더니 작은 막대 같은 것이 달린 기계를 갖다 대네요. 기계에 나타나는 숫자를 보고 안도의 한숨을 쉬시는 할머니께 "할머니 그게 뭐예요?"라고 질문을 했습니다. 할머니는 "할머니가 당뇨가 있어서 관리 중인데, 밥 먹기 전에 공복인 상태에서 혈당을 측정하는 거야. 다행히 혈당이 낮아졌네."라고 알려주었어요.

혈당은 핏속에 녹아 있는 포도당의 양인데, 그게 많으면 문제가 돼요.

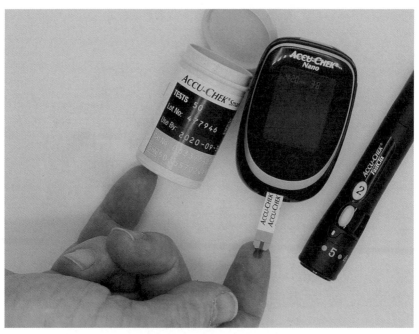

혈당량 측정 – 채혈을 하고, 혈액을 스트립에 스며들게 해서 기계로 측정

우리 몸은 체온 외에도 혈액 속에 녹아 있는 포도당의 양, 즉 **혈당량**도 일정하게 유지하고 있습니다. 혈당량 조절 과정에는 이자에서 분비하는 호르몬인 **인슐린**과 **글루카곤**이 관여해요. 이자에서 분비된 **인슐린**은 혈액을 따라 이동하여 간에서 포도당이 글리코젠이라는 더 큰 분자로 합성되도록 촉진시켜 혈당량을 낮추고, 마찬가지로 이자에서 분비된 **글루카곤**은 간에서 글리코젠을 포도당으로 분해시켜 혈당량을 높이는 작용을 합니다.

글루카곤이 제대로 분비되지 않으면 어떤 일이 벌어질까요? 포도당은 세포들이 생명 활동에 필요한 에너지 만들어내는 데 쓰이는 연료와 같습니다. 그런데 혈당량이 낮아서 포도당이 세포에 충분히 공급되지 못한다면 세포는 에너지가 부족하게 되어 생명 활동을 제대로 할 수 없게 됩니다. 특히 뇌세포의 경우는 다른 세포들과 달리, 오로지 포도당만을 연료로 사용합니다. 그래서 뇌 기능 이상이 바로 나타날 수 있지요. 우리 몸이 금방 위험에 처할 수 있게 되는 것입니다.

반대로 인슐린이 제대로 분비되지 않는다면 어떤 일이 벌어질까요? 인슐린은 글리코젠을 만들어서 혈당을 줄이기도 하지만, 혈액 속 포도당이 세포로 잘 흡수되도록 촉진시켜 주는 역할도 합니다. 인슐린 분비에 이상이 생기면 포도당이 글리코젠으로 합성되지 않아서 혈당량이 높기도 하고, 혈액 속 포도당이 세포로 잘 흡수되지 않아서 혈당량이 높아지기도 합니다. 결국 혈당량이 높은 상태가 되는데, 고혈당 상태가 되면 여러 가지 합병증이 나타납니다. 심한 경우 녹내장으로 시력을 잃기도 하고, 세포들이 혈당 부족으로 제 기능을 수행하지 못하기도 하며, 상처 부위의 감염이 정상인 경우보다 더 급격하게 일어나기도 합니다. 혈당량을 높이는 데 관여하는 호르몬은 글루카곤 이외에도 여러 가지가 있지만 혈당량을 낮추는 데 관여하는 호르몬은 인슐린이 유일합니다. 그래서 인슐린 분비에 이상이 생기면 대책 마련이 어려워서 질병이 되기 쉽습니다. 바로 **당뇨병**이지요.

이것만은 알아 두세요

1. 신경계는 뇌와 척수로 이루어진 중추 신경계와 말초 신경계로 구분된다.

2. 신경 세포인 뉴런은 여러 곳으로부터 신호를 받아들이는 가지 돌기, 세포의 생명 활동이 일어나는 신경 세포체, 다른 뉴런이나 기관 등으로 자극을 전달하는 축삭 돌기로 이루어져 있다.

3. 우리 몸이 반응을 할 때 대뇌의 판단 과정을 거치는 것을 '의식적 반응'이라고 하며, 다른 중추의 판단에 따라 반응하는 것을 '무조건 반사'라고 한다.

4. 몸 안팎의 환경이 변해도 몸의 상태를 일정하게 유지하는 성질을 '항상성'이라고 한다.

1. 어두운 방에서 손으로 벽을 더듬어서 스위치를 눌렀더니 전등이 켜지면서 방이 밝아졌다. 이때의 신호 전달 과정과 뾰족한 것에 찔렸을 때 팔을 움츠리는 과정에 일어나는 우리 몸의 신호 전달 과정이 어떻게 다른지 적어 보자.

2. 날씨가 추워서 체온이 내려가게 되었을 때 체온을 정상으로 돌리기 위해 우리 몸에서 일어나는 변화를 적어 보자.

정답

1. 어두운 방에서 스위치를 누르는 과정은 의식적 반응으로 감각기에서 대뇌를 거쳐 대뇌의 명령에 따라 손의 근육을 움직이도록 신호가 전달된다. 뾰족한 것에 찔려서 팔을 움츠리는 과정은 무조건 반사이며, 이때 팔을 움츠리게 되는 과정의 움직임은 대뇌가 아닌 척수에서 내린 명령에 의해 일어나는 것이다.

2. 체온이 내려가면 체온을 더 잃지 않게 열 발산을 막고, 체온을 올릴 수 있도록 열을 발생시킨다. 열 발산을 막기 위해 입모근이 수축하여 소름이 돋아서 열이 빠져나가지 않도록 하며, 피부 근처의 혈관이 수축하여 피부 근처로 흐르는 혈액의 양을 줄여서 혈액이 가지고 있던 열을 뺏기지 않도록 한다. 그리고 몸의 근육을 떨어서 마찰열을 발생시키고, 갑상샘에서는 티록신 분비가 증가하여 세포 호흡이 활발하게 일어나 열에너지를 만들 수 있도록 한다.

Part 5. **생식과 유전**

'짱짱미모 성형외과' 상담원 나친절입니다. 무엇을 도와드릴까요?

 마리 앙투아네트 최고

저기~~~ 주걱턱 성형 상담을 하고 싶은데, 혹시 주걱턱도 성형이 되나요?

네네, 고객님~ 저희 성형외과를 이용해 주셔서 감사합니다. 저희는 주걱턱뿐만 아니라 다양한 턱을 이쁘게 해주는 것으로 유명합니다.

혹시 비용이 궁금하신가요?

 마리 앙투아네트 최고

그건 걱정이 안 되는데… 혹시 시간이 지나면 다시 턱이 자라나거나 하지는 않나요?

성인이라면 그럴 일은 없어요.

마리 앙투아네트 최고

제 주변에 주걱턱이 좀 있어서 걱정되네요.

아무리 그래도 합스부르크가만큼이야 하겠어요? 합스부르크 왕가의 주걱턱은 정말 유명하지요. 그분들 사진 보내 드릴 테니까 보시고 용기를 얻으시길 바라요. 저희 고객님들께서 이 사진을 보고 권위 있는 합스부르크 왕가 사람들보다는 낫다는 사실에 위안을 받는 경우가 많아요. ㅎㅎ

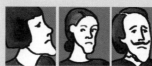

마리 앙투아네트 최고님이 나가셨습니다.

아니! 고객님~~ 갑자기 나가시면~~

고객님~~

> 아름답다고 소문난 마리 앙투아네트도 그 유명한 합스부르크 왕가의 주걱턱 유전으로부터 자유로울 수 없었어요. 합스부르크 왕가의 한 왕은 주걱턱으로 인한 부정 교합이 너무 심해서 입속으로 벌레가 들어가는 것을 막기 위해 수염을 길렀다고 합니다.
> 마리 앙투아네트에게 합스부르크 왕가의 주걱턱 특성이 전해지는 것처럼 사람의 특성이 자손에게 전달되어 나타나기까지 어떤 일들이 일어나는지 알아보기로 해요.

1. 생식

끊어지지 않는 생명의 고리

지구는 생명의 행성입니다. 아직까지 태양계의 행성 중에 생명체가 발견된 행성은 지구가 유일하지요. 사실 생명체가 발견된 정도가 아니라 엄청나게 다양하고 많은 수의 생명체들이 삶의 터전으로 삼고 있는 곳입니다. 아마 미래에도 그럴 거예요. 지구의 생명체들은 어느 날 갑자기 나타난 게 아니라 수십억 년을 이어오고 있어요. 지금 이 순간에도 생명체들은 다음 세내에게 생명의 끈을 이어서 건네주고 있습니다.

새로운 세대를 만들어내기 위해서 생명체는 무엇을 해왔을까요? 아직 존재하지 않는 다음 세대를 만들기 위해 자신의 몸 일부나 전부를 선뜻 떼어서 생명의 씨앗을 만들었습니다. 씨앗을 땅에 심으면 씨앗의 모양과는

생명의 연속성 - 엄마 오리의 특성을 그대로 물려받은 아기 오리

다른 줄기와 뿌리가 나오고 잎도 나오면서 식물체가 만들어지고 점점 자라나는 것처럼, 다음 세대는 부모 세대로부터 전해 받은 생명의 씨앗으로 점점 자라서 완전한 생명체가 되는 것이지요.

우리처럼 많은 세포로 만들어져 각 세포들이 각자 자기 할 일을 하며 살아가는 다세포 생물이 자신의 몸을 떼어서 다음 세대에 전달하는 과정은 단순하지 않습니다. 다세포 생물들은 몸의 각 부분에서 자신에게 필요한 기능만 수행하느라 필요한 것을 빼고 많은 유전자들이 드러나지 않도록 잠가놓아서 완전한 생명체를 만들기에 적합하지 않기 때문이지요. 그래서 다음 세대에 넘겨줄 세포는 특정 장소에서만 만들도록 되어있어요. 식물은 꽃, 동물은 정소와 난소가 바로 그 장소입니다.

몸의 모든 부분은 이 세대를 살아가는 자신을 위해 쓰지만 꽃과 정소, 난소는 다음 세대에 넘겨줄 세포를 만들지요. 이때는 우리 몸을 잘 키우기 위한 체세포 분열과는 다른 방법을 사용해서 세포를 만듭니다. 이것을 **생식 세포 분열**이라고 불러요. 그럼, 체세포 분열과 생식 세포 분열은 어떤 차이가 있을까요?

왜 커지기 위해서 세포 분열을 할까?

몸집이 크나 작으나 세포는 비슷한 크기

오랜만에 만난 사촌 동생이 몰라보게 키가 커졌습니다. 사촌 동생뿐만 아니라 성장기에는 누구나 몸이 자라죠. 몸이 자라는 과정에서 우리에게 무슨 일이 벌어질까요? 달리기를 하다가 넘어져 무릎에 피가 나는 상처를 입어도 어느 정도 시간이 지나면 새살로 메워져 상처가 낫게 됩니다. 몸이 자랄 때도, 새살로 상처가 낫는 과정에도 새로운 세포가 생기게 됩니다. 몸이 커지는 과정에 세포의 수가 증가하게 되는 것이지요. 그래서 어린아이에 비해 어른의 몸을 이루는 세포의 수가 월등하게 많습니다.

세포 자체가 커져도 몸은 커질 것입니다. 그런데 왜 세포 수를 늘리는 전략을 사용할까요? 세포를 새로 만들기 위해서는 복잡한 일을 해야 하거든요. 새로 만들어진 세포와 원래의 세포가 가지는 정보가 같아야 하고,

세포 수 차이 - 몸집이 큰 어른과 몸집이 작은 아이

세포가 나뉘는 과정에는 다른 생명 활동을 할 수 없기도 하지요. 어떻게 보면 살아가는 데 불리할 것 같은 선택임에도 불구하고 세포 수를 늘리는 전략을 쓴 이유를 알아보기로 해요.

물질 교환이 생명 유지의 핵심

자가격리를 하고 있는 두 가족이 있다고 생각해 볼게요. 한 가족은 바깥에서 필요한 물품을 공급해 주고, 안에서 만들어진 노폐물을 수거해 가기도 합니다. 그런데 다른 한 가족은 어떠한 소통도 없어요. 집 안에 있는 물품만을 사용해야 하고, 집에서 만들어진 노폐물은 집 안에 가지고 있어야 해요. 어느 가족이 자가격리를 잘 견뎌낼 수 있을까요? 첫 번째 가족은 아마 몇 달이고 그 생활을 견딜 수 있을 거예요. 하지만 두 번째 가족은 일주일도 버티기 힘들 겁니다. 이 가족들처럼 우리 몸을 구성하는 세포도 외형적으로는 세포막에 의해 환경과 분리가 되어 있지만, 제대로 살아가기 위해서 외부와 지속적으로 소통하고 물질이 교환되어야 합니다. 물질 교환의 원활함이 세포의 생명과 직결되어 있지요.

우리 집에 현관문이 하나 정도 있는 것과 달리 세포막에는 수많은 문들이 있어서 필요한 물품을 선택적으로 교환할 수 있어요. 세포의 크기가 클

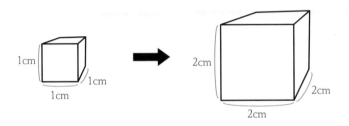

수록 세포의 생명 활동을 지지하기 위해서 더 넓은 세포막이 필요합니다. 세포의 크기가 커진다는 건 부피가 커지기도 한다는 말이에요. 가로, 세로, 높이가 각각 1cm인 정육면체의 크기가 각각 2cm로 커졌다고 가정해 볼게요.

정육면체는 1cm³에서 8cm³로 커졌습니다. 그런데 물질이 왔다 갔다 할 수 있는 세포막의 면적은 어떻게 변했을까요? 면적은 6cm³에서 24cm³로 커졌죠. 부피는 8배가 커졌지만 표면적은 4배 커진 것에 불과합니다. 그래서 부피가 커진 비율에 비해 세포막의 표면적 비율은 오히려 줄어든 셈입니다. 커진 부피를 감당하며 먹여 살리기 어려워진 것이지요. 이와 같은 이유로 다소 어려움이 있더라도 세포가 커지는 전략보다는, 세포 수를 늘리는 전략을 쓰고 있는 것입니다.

염색체, DNA, 유전자 이들의 관계는?

많은 세포가 세포막, 핵, 세포질로 구성되어 있습니다. 살아가는 데 꼭 필요한 정보는 어디에 담겨 있을까요? 과학자들이 여러 실험을 통해 핵이 생명 활동에 대한 정보를 가지고 있으며, 핵 중에서도 **염색체**라는 부분에 그 정보가 실려 있다는 사실을 알아냈습니다. 염색체는 단백질과 산성을 띠는 핵산인 DNA로 이루어져 있어요. 이 DNA에 세포가 살아가는 데 필요한 물질을 만드는 방법, 마치 요리할 때 필요한 레시피와 같은 것들이 실려 있습니다. 단백질은 긴 나선인 DNA를 잘 정리하거나 필요한 레시피가 잘 작동하도록 도와주는 역할을 해요.

레시피대로 음식을! 유전자 정보대로 필요한 물질을!

DNA에 실려 있는 레시피가 바로 **유전자**입니다. 한 권의 책에 의미 없어 보이는 글자들이 잔뜩 쓰여 있는데, 그 중간중간에 조리법이 실려 있는 것과 같은 방식으로 DNA에 유전자가 배치되어 있어요. 모든 세포는 같은 책을 가지고 있는 것처럼 같은 염색체를 가지고 있습니다. 그런데 필요에 따라서 어떤 세포는 1~10페이지, 25~27페이지만 자꾸자꾸 열어서 레시피를 읽고, 어떤 세포는 30~55페이지에 있는 레시피를 읽으며 그에 해당하는 요리를 하면서 살아간답니다. 그래서 필요 없는 페이지는 잘 묶어두고 있지요.

처음에 만들어진 세포들은 모든 페이지가 쉽게 펼쳐지게 되어 있어요. 하지만 시간이 지나면서 세포마다 주로 사용하는 페이지가 달라지고, 나머지는 묶이는 방식으로 되면서 서로서로 다른 세포로 변해갑니다. 모든 페이지가 잘 열리는 능력을 가진 세포를 **만능 줄기세포**라고 불러요. 기술적으로는 아직 어렵지만, 이론적으로 이 세포들이 가지고 있는 유전자를 잘 자극하면 원하는 세포로 변화시킬 수 있다고 합니다.

생명 활동에 필요한 정보
- 요리책 레시피와 같이 DNA 속 유전자에 존재

염색체가 품고 있는 DNA, DNA가 품고 있는 유전자

염색체와 유전자의 관계에 대해 다시 한번 정리를 해볼까요? 우리 몸을 구성하는 모든 세포에는 생명 활동을 유지하는 데 필요한 내용이 모두 있는 **염색체**가 똑같이 들어가 있습니다. 이 염색체에는 DNA라는 중요한 분자가 있지요. 이 DNA의 곳곳에 생명 활동에 쓰이는 정보들이 실려 있어요. 그 정보들을 **유전자**라고 하는데 이들이 직접 생명 활동을 하는 건 아니지만, 생명 활동에 필요한 물질을 만드는 데 필요한 정보를 가지고 있습니다. DNA와 단백질이 엉켜서 염색체를 구성하는데, 세포 분열 시기에는 응축되어서 막대 모양이 되고 평소에는 실 모양으로 풀려 있어요.

우리 세포를 구성하는 염색체는 부모로부터 각각 받아서 한 쌍을 구성하게 됩니다. 그래서 염색체는 같은 크기와 정보의 종류가 같은 것이 한 쌍씩 있지요. 사람의 염색체가 46개니까 23쌍이 있는 것입니다.

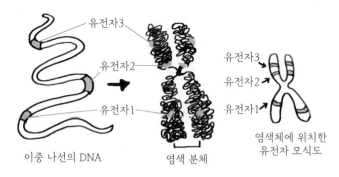

이중 나선의 DNA	염색 분체	염색체에 위치한 유전자 모식도

염색체 속 DNA, DNA 속 유전자

전후가 똑같은 세포 분열, 체세포 분열

한 여인이 칫솔을 쳐다보며 비장한 표정을 짓고는 지퍼백에 넣고 있습니다. 다음 장면에서는 눈물을 흘리며 "네가 내 아들이었다니…." 하고 오열합니다. 드라마에서 간혹 볼 수 있는 장면인데요, 칫솔을 이용해서 어떻게 아들인지 알 수 있을까요? 모든 세포에 들어 있는 염색체는 동일하기 때문입니다. 칫솔에 묻어 있는 입속 상피 세포를 사용하더라도 그 사람의 염색체를 분석해 친자 여부를 확인할 수 있는 거예요.

나뉘어도 같으려면 사전 복제가 답

하나의 수정란에서 시작된 우리 몸은 10조 개가 넘는 세포로 이루어져 있다는데, 그 많은 세포가 어떻게 같은 염색체를 가질 수 있는 걸까요? 새로운 세포는 갑자기 뚝딱 떨어지는 게 아니라 원래 있던 세포가 둘로 나뉘면서 만들어집니다. 이렇게 둘로 나뉘기 전에 준비 작업을 해 두는 거죠. 즉 유전자가 들어 있는 DNA가 그대로 복제되는 거예요. 이렇게 복제된 DNA는 둘로 나뉜 세포 각각으로 들어가서 그 두 세포가 동일한 DNA를 가지게 됩니다. 그리고 그 정보는 분열하기 전에 세포가 가졌던 정보와도 같습니다. 이렇게 해서 하나의 수정란에서 시작되어 10조 개 이상까지 개수가 늘어난 세포들은 모두 같은 염색체를 가지게 되는 것입니다. 세포가 둘로 나뉘면서도 동일한 정보를 가질 수 있는 것이 어떻게 가능한지 체세포 분열 과정을 통해 알아보도록 해요.

세포 분열 동안 이사 다니는 염색체

세포 분열이 중요하기는 하지만 사실 세포는 분열하는 게 그렇게 달갑지만은 않답니다. 그동안 다른 일은 아무것도 하지 못하거든요. 마치 이사를 가는 것과 비슷한 상황입니다. 이삿짐을 잘 포장하고 나면 정작 그 물건들은 사용할 수 없는 것처럼, 세포가 분열하는 동안에는 염색체를 응축시켜 이동하기 좋게 하지만 세포의 생명 활동에 필요한 정보를 펼쳐서 사용할 수는 없거든요. 세포 분열을 하는 동안에는 꽁꽁 묶인 염색체가 왔다 갔다 하면서 분열이 일어납니다. 그래서 세포 분열은 이 염색체의 변화에 따라 시기를 **전기, 중기, 후기, 말기**로 나눕니다.

전기 때는 실처럼 풀려 있던 염색체가 응축이 되어 2개의 염색 분체가 붙어 있는 X자 막대 모양으로 바뀝니다. 핵막이 사라지면서 염색체가 자유롭게 이동할 수 있는 환경이 조성되고, 염색체를 끌고 갈 방추사가 길어지기 시작하죠. 양쪽에서 자라나온 방추사에 붙들린 염색체는 세포의 중앙에 배치되는데, 이때를 **중기**라고 합니다. 방추사에 의해 염색체를 이루고 있던 염색 분체가 각각 양쪽으로 끌려가는 **후기**를 지나서, 양쪽으로 끌

이삿짐 포장을 해둔 것과 같은 세포 분열

려간 염색 분체가 풀리고 새로운 핵막이 형성되면서 동시에 세포질도 나뉘는 **말기**를 거치면서 새로운 두 개의 세포를 완성합니다.

헤어져도 쌍둥이처럼 똑같은 염색 분체

두 개의 세포에는 하나의 X자 모양의 염색체를 이루던 **염색 분체**가 각각 헤어져 들어가게 되는데, 이 염색 분체가 바로 DNA의 복제로 만들어진 것입니다. 그래서 완전히 같은 내용을 가진 유전자가 두 개의 딸세포에 들어간 거예요. 새로 만들어진 두 개의 세포는 완전히 같은 유전 정보를 가지는 것이지요. 하나의 세포가 분열을 계속하여 10조 개의 세포가 된다고 하더라도 이런 방식을 취하면 모든 세포의 유전 정보는 같을 수밖에 없습니다. 그래서 우리 몸을 구성하는 모든 세포의 염색체는 동일해요.

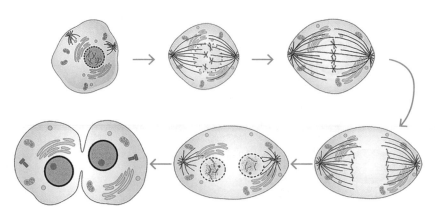

체세포 분열 과정 - 하나의 체세포가 2개의 체세포로 변해가는 과정

내가 아닌 자손을 위한 세포를 만드는 생식 세포 분열

하나의 세포로만 이루어진 생명체가 세포 분열을 하면 바로 다음 세대가 됩니다. 한 번 더 분열을 하면 또 새로운 세대의 생명체가 되지요. 세균이나 아메바 같은 단세포 원생생물이 사용하는 방법입니다. 이런 경우에는 부모 세대와 자손 세대의 유전 정보가 거의 변함이 없어요.

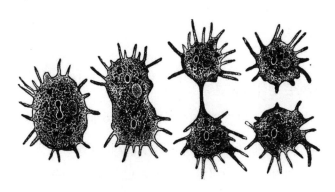

단세포 생물은 세포 분열이 생식
- 부모 세대였던 개체의 세포 분열이 끝나면 자손 세대 2개의 개체가 된다

생식 세포를 만들어 새로운 조합으로 수정해야 생식

사람의 경우 부모 세대와 자손 세대의 유전 정보가 같은 경우는 없습니다. 생물에 따라서 새로운 세대의 생명체를 만드는 생식 과정이 서로 다르거든요. 우리는 부모가 나뉘어 있고, 새로운 세대를 만들기 위해서 부모가 모두 특별한 세포를 만들어야 해요. 그걸 **생식 세포**라고 불러요. 정자나 난자가 바로 생식 세포에 해당합니다. 이렇게 각각 생식 세포를 만든 후 두 생식 세포가 수정되면 유전자가 조합되면서 새로운 유전 정보를 가진

자손이 되는 거예요.

생식 세포 분열은 체세포 분열과 조금 달라요. 서로 목적이 다르기 때문이지요. 체세포 분열은 성장과 손상된 부위의 회복을 위해 일어나기 때문에 기존의 세포와 동일해야 합니다. 그에 반해 생식 세포 분열은 다음 세대를 이루게 될 세포를 만드는 것이 목적이라서, 수정이 되었을 때 염색체 수가 부모와 동일할 수 있도록 분열 전 모세포보다 염색체 수가 절반인 세포를 만들어야 한답니다. 이제 어떻게 염색체 수가 절반으로 줄어들게 되는지 알아볼게요.

두 번 결별하는 생식 세포 분열

사람의 체세포에 들어 있는 염색체는 모두 46개입니다. 다른 동물들도 알아볼게요. 모기 6개, 초파리 8개, 고양이 38개, 침팬지 48개, 개 78개, 소 46개…. 정말 다양하죠? 그런데 공통점도 있습니다. 모두 짝수라는 거예요. 그리고 현미경으로 염색체의 모양을 관찰해 보면, 신기하게도 같은 크기, 같은 모양을 가진 짝들이 각각 있어요. 그래서 사람의 염색체를 크기와 모양에 따라 짝을 지으면 23쌍, 모기는 3쌍, 초파리는 4쌍, 고양이는 19쌍이 만들어집니다. 나머지 동물들은 굳이 나열하지 않아도 알겠죠? 물론 이 중 한 쌍씩은 간혹 크기와 모양이 같지 않을 수도 있어요. 성을 결정하는 성염색체이기 때문이에요.

짝을 이루는 염색체는 각각 부모로부터 하나씩 받은 거랍니다. 이렇게 부모로부터 각각 받아서 짝을 이루는, 크기와 모양이 같은 염색체의 관계를 **상동 염색체**라고 불러요. 상동 염색체는 부모로부터 각각 받았기 때문에 크기와 모양이 같다고 하더라도 들어 있는 정보까지 완전히 같지는 않아요. 이렇게 각각 부모로부터 받은 염색체에 있는 정보들이 어우러져 우리 몸의 여러 특징인 형질을 나타내고 생명 활동을 하게 해줍니다. 그런데 이 상동 염색체가 생식 세포를 만드는 감수 분열을 거치고 나면 두 번 헤어지게 되고, 46개였던 염색체는 23개로 절반이 줄어들게 됩니다. 그 과정은 다음과 같아요.

체세포 분열이 일어나기 전과 마찬가지로 세포 분열을 준비하는 세포는 DNA를 복제합니다. 감수 분열은 두 번의 분열이 연속해서 일어나게 되는데 각각을 감수 1분열, 감수 2분열이라 하고, 각 감수 분열은 전기, 중기, 후기, 말기를 거칩니다. 첫 번째 세포 분열인 **감수 1분열**에서는 상동 염색체가 서로 결합했다가 분리되어 두 개의 딸세포에 각각 들어가요. 감수 1분열이 끝나면 염색체가 복제되지 않고 두 번째 세포 분열인 감수 2분열이 일어납니다. **감수 2분열**에서는 염색 분체가 분리되어 네 개의 딸세포에 각각 들어갑니다. 그 결과 염색체 수가 모세포에 비해 절반으로 줄어든 생식 세포가 만들어지게 되는 거예요.

전기에 만났다가 후기에 헤어지는 상동 염색체

감수 분열에서 가장 중요한 시기는 바로 감수 1분열 전기라고 할 수 있어요. 상동 염색체들이 서로 결합한 형태를 띠기 때문이지요. 결합한 상동 염색체는 감수 1분열 중기까지 마치 하나인 것처럼 함께 움직이는데, 후기에는 양쪽으로 끌려가며 헤어지게 돼요. 앞에서 말한 것처럼 상동 염색체는 크기와 모양은 같지만 들어 있는 정보가 완전히 같지 않기 때문에, 분열 결과 양쪽의 정보가 달라지는 거예요. 그리고 2개씩의 상동 염색체가 결합해 있다가 분리되었기 때문에 염색체의 수도 절반으로 줄어들게

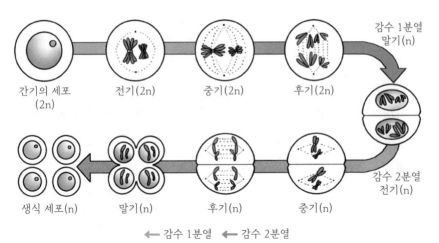

간기의 세포 (2n)　전기(2n)　중기(2n)　후기(2n)　감수 1분열 말기(n)

생식 세포(n)　말기(n)　후기(n)　중기(n)　감수 2분열 전기(n)

← 감수 1분열　← 감수 2분열

감수 분열 과정

됩니다. 이게 모두 다 감수 1분열 전기 때 상동 염색체들이 서로 결합을 했기 때문이에요.

　감수 2분열은 체세포 분열처럼 염색체가 세포 중앙으로 이동하고, 염색 분체가 분리됩니다. 두 번의 분열 결과 하나의 모세포로부터 4개의 딸세 포가 만들어지고, 이렇게 만들어진 세포는 좀 더 성숙하여 정자와 난자로 변해갑니다.

언제 사람이 될래?

　슬픈 소식이 있어요. 얼마 전 기다리던 아기를 갖게 되었다고 기뻐하던 이모가 자연유산을 하는 일이 벌어졌어요. 이모는 자기가 "무엇을 잘못해 서 이런 일이 벌어졌는지 모르겠다."며 자책을 하고 있습니다. 그런데 실제 임신 진단을 받은 사람이 자연유산을 겪을 확률은 10~20%에 이르러요. 꽤나 높은 수치죠. 높은 수치의 원인은 사실 엄마의 행동과 무관하게 배아가 발생하는 과정에서 생기는 문제 때문인 경우가 훨씬 많습니다. 심지어 자연 유산되는 배아의 50~70%는 정상보다 염색체 수가 많거나 적다고 하네요. 그래서 정상적으로 발생이 되지 않는 경우에 유산이 되는 거죠. 수정이 되고 난 뒤 세상에 태어나는 것만 해도 커다란 도전인 셈이에요.

발생은 사람이 되는 과정

수정란이 만들어졌다고 곧 새로운 생명이 만들어졌다고 볼 수는 없어요. 수정란이 완전한 개체로 변하는 과정을 **발생**이라고 하는데, 수정이 되고 난 후에 발생 과정을 제대로 거쳐야 하는 과제가 남았습니다.

발생이 무언지 감이 잘 안 잡힌다고요? 개구리 알에서 올챙이가 나오고, 뒷다리가 쏘옥~ 앞다리가 쏘옥~ 하며 개구리로 변해가는 과정을 생각하면 이해하기 쉬울 거예요. 사람도 비슷한 과정을 거쳐 완전한 개체가 됩니다. 많은 기관이 엄마의 자궁 속에서 성숙하기 때문에 그 과정을 관찰하기는 어렵지만, 아주 빠른 속도로 모습이 변해간답니다.

바쁘다 바빠! 세포 수 늘리느라 커질 새가 없네

체세포에 비해 염색체 수가 절반인 정자와 난자가 수정하면 수정란의 염색체 수는 체세포와 같아지게 되지요. 하지만 하나의 세포에 불과해요. 조직이나 기관을 만들려면 하나의 세포로는 턱도 없죠. 그래서 발생 초기에는 세포 수를 빠르게 늘리는 게 정말 중요하답니다. 그래서 체세포 분열을 빠르게 반복하는데, 세포가 커질 새가 없이 분열하다 보니 세포 수는 많아지지만 세포 하나하나의 크기는 점점 줄어들어 마치 칼로 사과를 자른 것처럼 보여요. 이렇게 분열 후 세포 크기는 커지지 않고 분열을 빠르게 하는 것을 **난할**이라고 합니다.

난할을 거친 후에는 세포 생장도 일어나면서 몸집이 점점 커지고 여러 조직과 기관이 만들어집니다. 발생이 진행되는 과정을 따라가 보면 우리 몸을 구성하는 기관들 사이의 관계에 대해 이해할 수 있어요. 예를 들어 심장이 만들어지기 전에 뇌가 먼저 만들어지는 건 뇌에 의해서 심장 박동이 조절되기 때문이지요. 그리고 탯줄을 통해 산소를 공급받기 때문에 태아의 허파는 산소를 제공하는 기능이 없어요. 그에 따라 심장에서 허파 쪽으로는 혈액이 흐르지 않고, 태아기에만 있는 심장 안 구멍을 통해 오른쪽 심방에서 왼쪽 심방으로 바로 흐르게 됩니다.

발생이 진행될수록 능력을 잃어가는 세포들

수정란에서 완전한 개체가 되는 과정에 새롭게 만들어지는 조직과 기관을 이루는 세포들은 각 조직과 기관에 맞는 모양과 기능을 가지게 됩니다. 수정란 시기에 가까운 세포일수록 조건에 따라 다른 세포로 변할 가능성이 크죠. 후에 특정 기능과 모양을 가지게 되면서부터는 그런 능력을 잃어버리게 됩니다. 이렇게 조건에 따라 다양하게 변할 수 있는 능력을 가진 세포를 **줄기세포**라고 불러요. 그중 어떤 세포로든 변할 수 있는 것은 '만능 줄기세포'라고 하지요. 줄기세포는 세포 재생과 질병 치료에 쓰일 수 있어서 많이 연구되고 있답니다. 하지만 수정란에서 발생하는 과정에 있는 배아 줄기세포를 연구용으로 사용한다면 생명 윤리에 문제가 있어서 논란이 크지요.

여러 기관들이 충분히 성숙하고 마지막으로 허파로 호흡을 할 준비가 끝나면, 아기는 세상으로 나오며 큰 울음을 터뜨립니다. 아기는 울고 있지만 큰 울음이 건강한 출산을 의미하기 때문에 아기를 둘러싼 사람들은 크게 기뻐하지요. 뱃속에서 여러 위험을 잘 넘기고 출산 과정에 겪는 고통도 잘 이겨낸 아기는 점차 더 튼튼해집니다. 이제 새로운 생명의 바통을 잘 이어받아 생명의 행성 지구를 풍성하게 만드는 일원이 되었네요.

이것만은 알아 두세요

1. 염색체에는 유전 물질인 DNA가 있고, DNA에 유전자가 포함되어 있다.
2. 체세포 분열을 통해 염색체 수와 유전 정보가 동일한 딸세포가 만들어진다.
3. 생식 세포 분열은 감수 분열이라고도 하며, 두 번의 세포 분열을 통해 염색제 수가 반으로 줄어든 4개의 딸세포를 만든다.
4. 하나의 수정란이 완전한 개체가 되는 과정을 '발생'이라고 한다.

1. 우리 몸을 이루는 체세포 중에서 가장 염색체 수가 적은 세포는 어디에 있는 것일까? 그렇게 생각하는 이유도 적어 보자.

정답

1. 우리 몸을 이루는 체세포에 들어 있는 염색체 수는 46개로 모두 같다. 따라서 염색체 수가 가장 적은 세포를 따로 말할 수 없다. 우리는 하나의 수정란이 분열하여 만들어진 수많은 체세포로 구성되어 있는데, 체세포 분열 결과 만들어진 세포는 원래의 세포와 염색체 구성이 완전히 같기 때문에 내 몸을 구성하는 체세포는 모두 염색체 구성이 동일하다.

2. 유전

멘델, 유전 연구를 시작하다

'콩 심은 데 콩 나고, 팥 심은 데 팥 난다.' 이게 다 원인이 있어서 그런 결과가 나온 거라는 주장을 하고 싶거나 인과응보를 말하고 싶을 때 쓰는 속담이죠? 그런데 생물을 공부하다 보면 이 말이 유전 현상을 설명하는 것으로 들린답니다. 부모의 형질이 자손에게 전해지는 걸 말해주고 있거든요. 미운 오리 새끼가 백조가 된 이유는 오리가 자라서 백조가 된 게 아니라, 백조의 알이 오리 둥지에 섞여 들어갔기 때문이었죠. 속담이든 동화든 부모와 자식은 같은 종이라는 걸 말해줍니다.

그런데 자세히 들여다보면 부모와 자식이 완전히 같지는 않습니다. 같은 부모의 자식들이라고 해도 서로서로 달라요. 누구는 아버지를, 누구는 어머니를 더 많이 닮기도 하며, 어떤 경우에는 부모에게서 볼 수 없는 형질이 발견되기도 하죠.

부모로부터 자식에게 형질이 전달되는 방식에는 어떤 규칙이 있을까요? 그리고 어떻게 알아낼 수 있을까요? 여기에 대한 답은 19세기 중후반에 살았던 멘델(Gregor Johann Mendel)로부터 얻을 수 있습니다. 멘델이 전해주는 메시지에서 유전에 대한 의문을 하나씩 풀어나가 볼까요?

"멘델 수도사님!"

마냥 모든 일에 열심히만 하려는 오지랖 넓은 신입 수도사가 멘델의 이름을 부르며 의기양양한 목소리로 말합니다.

"제가 오늘 앞마당에 널려 있는 콩을 정리해서 포대에 잘 넣어놨습니다. 작아서 요리에 쓰기 힘든 건 버렸고요."

'버렸다'는 마지막 말을 믿을 수가 없는 멘델은 짧은 탄성을 질렀습니다.

"뭐라고요?"

신입 수도사는 멘델의 당황한 표정을 읽지 못했는지 여전히 뿌듯하다는 듯 말했습니다.

"창고에 있는 포대에 여유가 있어서 거기에 넣었어요. 딱 한 포대가 차더라고요."

봄에 씨를 심어서 꽃을 피우고 종자를 얻기까지 최소 3개월 이상이 걸리는 과정을 거쳐야 하는데, 실제 이런 일이 있었다면 정말 멘탈 붕괴가 왔겠네요. 유전학의 아버지라고 불리는 **멘델**은 1856년부터 수도원의 작은 뜰에서 완두콩을 이용해 7년간 225회에 이르는 인공 교배를 실시했어요.

그 결과로 얻어낸 2만 8,000개 개체의 계보를 기록하고 분석하여 유전 법칙을 발견했습니다. 완두는 아무 때나 마구 자라는 게 아니라서 계획을 잘 세우고 잘 키워서, 꼼꼼하게 결과를 헤아리고 기록하고 분석해야만 했을 겁니다. 그 작업을 무려 7년이나 하다니 끈질긴 도전 정신이 빛나는 과학자라고 할 만합니다. 멘델이 유전의 원리를 발견한 과정을 한번 엿볼까요?

멘델의 가설

"하루 종일 무슨 생각을 그리 골몰히 하고 있나?"

머리 회전이 빠르다고 소문난 새 수도사의 등장 소식에 수도원의 명성을 한 번 더 높일 수 있겠다는 기대를 하고 있었던 수도원장은, 아무 말 없이 생각에만 잠겨 있는 그레고어 멘델이 걱정되었습니다.

누나와 여동생 사이에서 자라 힘깨나 써야 하는 농사를 도맡았지만 어려서부터 영특함이 두드러졌던 요한 멘델(훗날 수도사가 되면서 그레고어라는 이름으로 바뀜)은 가족들의 기대를 받고 도회지로 유학을 떠나게 되었습니다. 하지만 갑작스런 부상으로 학업을 이어가는 데 문제가 생겼고, 결국 당시 학문도 함께 할 수 있었던 수도원으로 들어가게 되었지요.

'어떻게 초록색 콩이 하나도 보이지 않는 거지? 내가 실수를 했을 리가 없는데….' 평소 완벽주의자라는 평을 받는 멘델은 콩 재배 결과가 예상과 다르게 나온 게 내내 마음에 걸렸습니다. 초록색 콩과 노란색 콩을 심어서 각각 꽃을 피웠고, 초록색 콩으로부터 나온 꽃의 꽃가루를 노란색 콩에서 자란 꽃의 암술머리에 묻히는 인공 수분을 꼼꼼하게 했는데, 수확한 콩은 모두 노란색 콩이었던 거죠. 초록색은 모두 어디로 사라졌을까요?

멘델은 그렇게 수확한 노란색 콩을 다시 심어 봅니다. 그리고 그 콩에서 피어난 꽃들끼리 수분을 시켜 새로운 세대의 콩을 얻었죠. 그런데 다 사라졌던 초록색이 이 세대에 다시 등장하는 것이었어요. 이 현상에 대해 설명할 수 있어야 했습니다. 초록색을 나타나게 하는 원인이 사라진 게 아니라 숨어 있었다는 거니까요. 함께 있을 때는 맥을 못 추고 있다가 노란색을 나타나게 하는 원인이 없을 때 그제야 자신을 드러내는 겁니다.

당시 사람들이 유전 현상에 대해서 믿고 있었던 생각은, 액체와 같은 부모 각각의 유전 물질이 섞여서 자손의 형질을 결정한다는 것이었습니다. 그렇다면 노란색 콩과 초록색 콩을 심어서 피어난 꽃끼리 수분을 시켜서 얻은 콩은 중간색인 노르스름한 초록색이 되어야 할 텐데 그런 색의 콩은 맺히지 않았던 거죠. 조금만 생각해도 이 이론과 맞지 않는 수많은 예시들이 있음에도 유전에 특별히 관심을 두지 않았던 시대 분위기 때문인지 그냥 믿고 있었던 겁니다.

완두를 심고 관찰하면서 멘델은 유전 현상에 다음과 같은 자기만의 가설을 세웠어요.

---

1. 한 가지 형질을 결정하는 것은 한 쌍의 유전 인자이며, 부모에서 자손으로 전달된다.
2. 한 쌍을 이루는 유전 인자가 서로 다를 때 하나의 유전 인자만 표현되며, 나머지는 표현되지 않는다.
3. 한 쌍의 유전 인자는 생식 세포가 만들어질 때 각 생식 세포로 나뉘어 들어가고, 생식 세포가 수정될 때 다시 쌍을 이룬다.

유전자는 이렇게 전달된다

멘델이 만든 새로운 개념, 우성과 열성

멘델은 이 명쾌한 가설을 증명해 보이려고 다양한 형질을 대상으로 오랫동안 실험을 반복했습니다. 노란색 콩과 초록색 콩을 각각 심어서 피어난 꽃을 수분시켜 얻은 자손 세대의 콩이 모두 노란색을 띠는 이유는, 노란색 인자와 초록색 인자가 만났을 때 노란색 인자의 형질만 표현되고 초록색 인자의 형질은 표현되지 않은 것이라고 생각했지요. 그래서 두 인자가 만났을 때 표현된 노란색 형질은 **우성**, 표현되지 않은 초록색 형질은 **열성**이라고 불렀습니다. 열성은 열등하다는 뜻이 아니라는 걸 꼭 기억해 두세요.

기호로 나타내 보면 좀 더 쉬울 거예요. 노란색을 결정하는 인자를 Y로, 초록색을 결정하는 인자를 y로 표현해볼 수 있어요. Y와 y가 만나서 Yy가 되었을 때 Y인자의 특성만이 표현되는 것이지요. 그런데 y인자의 특성이 표현되려면 어떻게 해야 할까요? yy가 되었을 때만 y인자의 특성이 표현될 수 있는 거예요.

그럼 YY, Yy, yy의 경우에 표현되는 특성은 무엇인지 맞혀 보세요. 첫 번째와 두 번째는 노란색, 세 번째는 초록색입니다. 초록색은 초록색 인자들끼리 모였을 때만 특성이 드러날 수 있습니다. 어떤 인자들이 모였는지를 기호로 나타낸 것을 **유전자형**이라고 합니다. 인자들의 조합 결과 드러나는 특성은 **표현형**이라고 하고요. 그러니까 Yy는 유전자형, 노란색은 표현형이 되는 거죠. 그래서 표현형이 노란색인 콩의 경우 가지고 있는 유전자형은 YY 또는 Yy 두 가지의 가능성이 있어요. 표현형이 초록색인 콩이

가지고 있는 유전자형은 yy 한 가지밖에 없고요.

한 쌍의 유전자는 분리되어 자손에게 전달된다
멘델이 했던 실험을 유전자형을 사용해서 표현하면 아래 그림과 같아요.

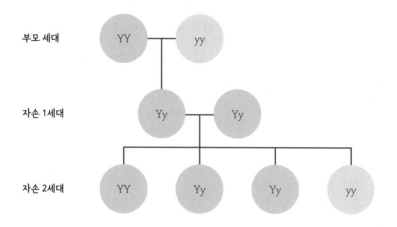

부모 세대
자손 1세대
자손 2세대

멘델이 세웠던 가설 "한 쌍의 유전 인자는 생식 세포가 만들어질 때 각 생식 세포로 **분리**해서 들어가고, 생식 세포가 수정될 때 다시 쌍을 이룬다."에 맞춰서 예상한 것입니다.

한 쌍의 유전 인자가 생식 세포로 나뉘어 들어간 다음 수정에 의해 다시 쌍을 이루는 과정을 간단한 도표를 사용하여 나타낼 수 있는데, 이것을 **퍼네트 사각형**(Punnett Square)이라고 합니다. 위에서 그림으로 표현한 부모 세대에서 자손 1세대로 유전되는 과정을 퍼네트 사각형을 이용해서 나타내면 다음 표와 같아요.

	Y	Y
y	Yy	Yy
y	Yy	Yy

자손 1세대의 유전자형이 모두 Yy가 되었죠? 표현형은 모두 노란색입니다.

자손 1세대에서 자손 2세대로 유전되는 과정은 다음과 같습니다.

	Y	y
Y	YY	Yy
y	Yy	yy

자손 2세대에서는 유전자형이 YY, Yy, yy로 총 3가지가 나왔네요. 표현형은 노란색과 초록색이 모두 등장합니다. 하지만 노란색은 4가지 중 3개로 초록색보다 높은 비율로 나타나지요.

모든 유전자들은 구슬처럼 서로 독립되어 있다

멘델은 여기에서 그치지 않았어요. 모든 형질은 독립된 유전 인자들에 의해서 결정된다는 걸 증명하려고 했죠. 콩을 자세히 관찰해 보니 노랗거나 초록의 색깔 차이만 있는 게 아니었어요. 어떤 콩은 쭈글쭈글 주름지고, 어떤 콩은 주름 하나 없이 팽팽했습니다. 그래서 콩은 노랗고 주름지거나, 노랗고 팽팽하거나, 초록색이면서 주름지거나, 초록색이면서 팽팽한 종류들이 있었던 거예요. 콩이라는 하나 속에 색깔과 모양이라는 두 가지 형질이 함께 존재하고 있었습니다. 하지만 멘델은 모든 형질은 독자적으로 유전된다고 생각했기 때문에 색깔과 모양을 결정하는 인자들이 서로에게 영향을 주지 않고 각각 독자적으로 유전된다고 생각했습니다. 이 가설이 맞는다면 자손 2세대에서 다음 그림과 퍼네트 사각형처럼 유전이 일어날 거라고 주장했죠.

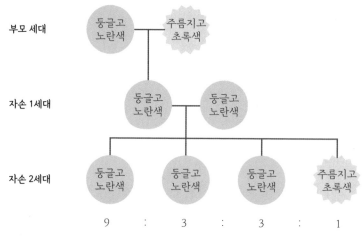

	RY	Ry	rY	ry
RY	RRYY 둥글고 노란색	RRYy 둥글고 노란색	RrYY 둥글고 노란색	RrYy 둥글고 노란색
Ry	RRYy 둥글고 노란색	RRyy 둥글고 초록색	RrYy 둥글고 노란색	Rryy 둥글고 초록색
rY	RrYY 둥글고 노란색	RrYy 둥글고 노란색	rrYY 주름지고 노란색	rrYy 주름지고 노란색
ry	RrYy 둥글고 노란색	Rryy 둥글고 초록색	rrYy 주름지고 노란색	rryy 주름지고 초록색

만약 멘델의 주장이 옳지 않고 모양과 색깔을 결정하는 유전 인자들이 연결되어 있다면 다음 두 가지 중 하나로 결과가 나올 것입니다.

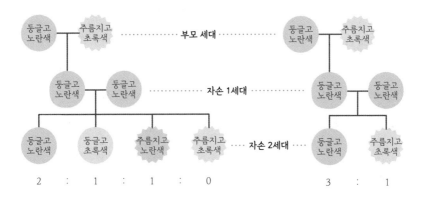

╲	Ry	rY
Ry	RRyy 둥글고 초록색	RrYy 둥글고 노란색
rY	RrYy 둥글고 노란색	rrYY 주름지고 노란색

╲	RY	ry
RY	RRYY 둥글고 노란색	RrYy 둥글고 노란색
ry	RrYy 둥글고 노란색	rryy 주름지고 초록색

멘델의 실험 결과는 어땠을까요? 자손 2대에서 둥글고 노란색, 둥글고 초록색, 주름지고 노란색, 주름지고 초록색인 완두가 약 9:3:3:1의 비로 나다났습니다. 즉, 자손 2대에서 씨의 모양이 둥근 완두와 주름진 완두는 3:1의 비로 나타났고, 씨의 색깔이 노란색인 완두와 초록색인 완두는 3:1의 비로 각각 독립적으로 나타난 것이지요. 이렇게 각 형질을 결정하는 유전 인자들이 따로 떨어져서 영향을 끼치지 않고 유전되는 법칙을 **독립의**

법칙이라고 합니다.

멘델의 가치 - 실험으로 증명한 유전의 원리

유전의 원리에 대한 연구가 계속 이루어지면서 멘델이 주장했던 가설들이 맞지 않는 경우가 나타나고 있습니다. 한 가지 형질을 결정하는 데 한 쌍의 유전 인자가 아니라 여러 쌍의 유전 인자가 관여하기도 하고, 우성과 열성이 뚜렷하지 않은 경우도 많으며, 유전 인자들이 모두 독립되어 있는 것이 아니라, 정말 많은 유전자들이 하나의 염색체에 서로 연결되어 있기도 하지요.

그럼에도 불구하고 여전히 멘델을 유전학의 아버지라고 하면서 중요하게 생각하는 이유는 무엇일까요? 유전 현상에 대해 막연한 주장이 아니라 과학 실험을 통해 원리를 밝혀냈고, 유전자를 바탕으로 유전 원리를 설명함으로써, 사람을 비롯한 많은 생물의 유전 현상을 연구하는 기본 원리로서 여전히 중요한 위치를 차지하고 있기 때문입니다.

사람의 유전은 어떻게 알아낼까?

유전으로 결정되는 혈액형

건강 검진 결과 특별한 이상이 없다는 말에 기쁜 것도 잠시, 혈액형에 눈길이 가자 이상한 생각이 들었습니다. '내가 O형이라고? 식구들 모두 A형 아니면 B형인데 왜 나만?' 갑자기 가족들과 멀어지는 기분이 들었습니다. 누나와 형이 서로의 혈액형이 달라서 성격도 다르다며 티격태격하기도 하고, 서로 엄마를 닮았느니 아빠를 닮았느니 하던 모습이 떠올랐지요. 그런데 자신의 혈액형만 전혀 다른 O형인 것에 미심쩍은 기분이 들었습니다. 몰래 머리카락이라도 뽑아서 유전자 검사를 의뢰해야 하는 건 아닐까요?

혈액형이 부모와 다르거나 형제간에 서로 다른 경우는 흔하답니다. 굳이 유전자 검사까지 하지 않아도 가계도를 조사해 보면 쉽게 알 수 있어요. 혈액형은 열성 인자인 O와 서로 대등한 우성 인자 A와 B의 조합에 의해서 그 표현형이 결정됩니다. 유전자의 조합이 AA 또는 AO인 경우는 A형, BB 또는 BO인 경우는 B형, AB인 경우는 AB형, OO인 경우는 O형이 되는 것이지요. 그래서 A형과 B형인 부모에게서 O형인 자식이 태어났다면 부모로부터 각각 유전자 O를 하나씩 물려받았기 때문에 부모의 유전자형이 각각 AO, BO라는 것을 알 수 있지요. 유전자형이 AO, BO인 부모로부터는 유전자형이 AB, AO, BO, OO인 자식들이 태어날 수 있습니다. 그래서 자식들의 혈액형이 AB형, A형, B형, O형 모두 가능한 거죠.

혈액형뿐만 아니라 많은 형질이 유전에 의해서 결정됩니다. 그러다 보니 질환도 유전에 의해서 나타나요. 특정 질환이 유전에 의한 것인지, 아니면 다른 환경 요인에 의한 것인지를 파악하는 것은 그 질환을 치료하거나 예방하는 데 있어서 매우 중요합니다. 한 가족에게서 흔하게 나타났다고 해서 무조건 유전에 의한 것이라고 말할 수 없고, 드물게 나타났다고 특정 환경에 노출되어서 그렇다고 단정 지을 수도 없어요. 그렇다면 어떻게 유전에 의한 것인지 아닌지, 또는 어떤 방식으로 유전되는 것인지 알아낼 수 있을까요?

실험하지 않아도 알아낼 방법이 있다

사람을 대상으로 연구하는 건 많은 어려움이 있어요. 유전 연구는 세대를 거듭하며 일어나는 현상을 관찰해야 하는데 사람은 한 세대가 길고, 자손의 수가 적으며, 의도대로 교배 실험을 하는 것도 불가능합니다. 그리고 형질이 복잡하고 환경의 영향을 많이 받기 때문에 명확하지가 않지요. 따라서 사람의 유전 현상은 이미 나와 있는 결과를 역추적하는 방법으로 **가계도 조사, 쌍둥이 연구** 등을 이용한답니다. 최근에는 DNA 분석 기술과 유전자에 대한 정보가 늘어나서 **DNA 검사**를 병행하고 있습니다.

가계도는 가족 관계와 형질의 특성을 기호로 표현한 그림으로 나타내며, 가계도를 조사하면 특정 형질이 어떻게 유전되는지 알 수 있습니다. 철수가 혀 말기에 대한 가계도를 그려 오라는 과제를 받았다고 생각해 봐요. 어머니와 아버지, 형은 혀 말기가 모두 가능하지만 철수와 여동생은 혀 말기가 가능하지 않다는 것을 조사하였다면 가계도로 어떻게 표현할

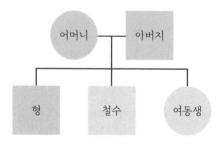

수 있을까요? 다음 그림처럼 성별은 동그라미와 네모로, 혀 말기가 가능하지 않은 것은 다른 색으로 표현하여 나타낼 수 있습니다.

이렇게 가계도를 그려놓고 생각해 보면 철수와 여동생이 혀 말기를 하지 못하는 것은 부모님에게서 나타나지 않는 특징입니다. 그래서 혀 말기

를 하지 못하는 특징은 부모 세대에는 숨어 있다가 자손에게서 발현된 열성이라는 사실과, 혀 말기를 하지 못하는 특징을 가지는 철수와 여동생의

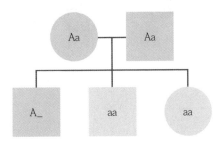

유전자형은 열성 인자가 쌍으로 있어야 한다는 사실을 알 수 있습니다. 가계도를 이용해서 유전자형을 표시해 보면 아래 그림과 같답니다.

　가계도를 조사해서 혀 말기 유전의 특징을 파악하게 되는 것처럼 많은 형질이 가계도를 통해 그 비밀을 드러냈어요. 대표적인 우성 형질로 흑발, 곱슬머리, 둥근 이마선, 갈색 눈, 쌍꺼풀, 긴 속눈썹, 매부리코, 높은 콧대, 큰 귀, 귓불 분리, 습한 귀지, 주근깨, 보조개, 갈라진 턱선, 나쁜 치열, 혀 말기, 두꺼운 입술, 오른손잡이, 다지증, 단지증, 검은 피부색이 있고, 이에 대한 열성 대립 형질로 금발, 생머리, 직선 이마선, 푸른색 눈, 외꺼풀, 짧은 속눈썹, 납작한 코, 낮은 콧대, 작은 귀, 귓불 부착, 건조한 귀지, 둥근 턱선, 고른 치열, 미맹(쓴맛을 못 느낌), 얇은 입술, 왼손잡이, 흰 피부색이 있어요. 여러분은 이 중 몇 가지의 우성 형질을 가지고 있나요?

우성 형질	열성 형질	우성 형질	열성 형질
흑발	금발	주근깨	-
곱슬머리	생머리	보조개	-
곡선 이마선	직선 이마선	갈라진 턱선	둥근 턱선
갈색 눈	푸른색 눈	나쁜 치열	고른 치열
쌍꺼풀	외꺼풀	혀 말기	-
긴 속눈썹	짧은 속눈썹	-	미맹(쓴맛을 못 느낌)
매부리 코	납작한 코	두꺼운 입술	얇은 입술
높은 콧대	낮은 콧대	오른손잡이	왼손잡이
큰 귀	작은 귀	다지증	-
귓불 분리	귓불 부착	단지증	-
습한 귀지	건조한 귀지	검은 피부색	흰 피부색

가계도 조사를 통해 밝혀낸 사람의 유전 형질 종류별 우성과 열성 형질

이것만은 알아 두세요

1. 멘델은 유전 현상에 대해 가설을 세우고 실험으로 증명해 낸 첫 번째 과학자 이다.

2. 멘델은 형질을 결정하는 입자가 쌍으로 존재하며, 모든 입자들은 독립되어 있어서 생식 세포를 만들 때 이 입자가 분리되어 전달되고(분리의 법칙), 형질의 종류가 다르면 각각 따로따로 유전된다(독립의 법칙)고 주장하였다.

3. 사람의 유전은 가계도 조사, 쌍둥이 연구, DNA 검사 등의 방법을 이용하여 연구한다.

1. 노란색 완두와 초록색 완두를 재배하여 노란색 완두에서 핀 꽃의 꽃가루를 초록색 완두에서 핀 꽃의 암술머리에 묻혀서 수분을 시킨 후, 열린 콩깍지를 열어서 자손에 해당하는 완두콩을 보았더니 초록색과 노란색이 섞여 있었다. 이 현상을 통해 부모 세대에 해당하는 노란색 완두의 유전자 구성에 대해 알 수 있는 사실은 무엇인가? 그렇게 생각하는 이유도 적어 보자.

2. 보조개 여부는 한 쌍의 유전자에 의해서 결정되고, 형질의 우성과 열성이 뚜렷하다. 보조개가 있는 남자와 여자가 결혼하여 딸을 낳았는데, 보조개가 없었다면 보조개 형질은 우성과 열성 중 어디에 해당할까?

정답

1. 부모 세대 노란색 완두의 색을 결정하는 유전자의 구성은 노란색 유전자와 초록색 유전자가 각각 하나씩 들어 있다는 것을 알 수 있다. 초록색 유전자는 열성 유전자이므로 자손 세대에서 그 색이 드러나기 위해서는 부모로부터 각각 초록색 유전자를 하나씩 받아야 하는데, 부모 세대의 초록색 완두로부터 하나를 받았다면 노란색 완두로부터도 하나를 받아야 한다.

   따라서 부모 세대의 노란색 완두에 초록색 유전자가 있다는 것을 의미하며, 노란색을 띠고 있다는 것은 우성인 노란색 유전자를 가지고 있다는 것이므로 초록색 유전자와 노란색 유전자를 하나씩 가지고 있다는 것을 알 수 있다.

2. 부모에게 없는 형질이 나왔다는 것은 그 형질이 열성이라는 것을 알려준다. 보조개가 있는 부모로부터 보조개가 없는 자식이 태어났으므로 보조개가 없는 형질이 열성이라는 것을 알 수 있다. 따라서 보조개는 우성 형질이다.

아들♥♥

엄마! 엄마! 우리 학교 애들은 전염병
에 안 걸릴 것 같아요!!

엥??? 뭔 소리?

 아들♥♥

우리 학교에는 백신이 엄청 많거든요
ㅎㅎㅎ 신발장에 흰색 실내화가 가득
해요^^

앗! 당했다!!ㅋㅋㅋㅋㅋㅋㅋ

집에 주스 사 놨으니까, 집에 오면 마셔^^
근데 급하게 먹으면 안 되는 거 알지?

급하게 마시면 코로나~~와 ㅋㅋ

 아들♥♥

윽!! 괜히 시작했어 ㅜㅜ

아들♥♥

 아들♥♥

근데 예전에 듣기로 감기는 코로나, 독감은
인플루엔자 바이러스 때문이라고 하던데,
독감이 더 무서운 거 아니에요? 어떤 코로
나바이러스는 왜 무서운 감염병을 일으키는
거예요?

그건 말이지~~ 그게 아마도~~

⊕ 얘가 정곡을 찌르는 질문을 하네 ㅜㅜ   ☺ #

" 매년 예방주사를 맞으며 독감에 걸리지 않기 위해 조심조심하면서도, 코로나바이러스에 의한 감기는 대수롭지 않게 생각했죠. 그런데 변이를 일으킨 코로나바이러스가 세상을 공포로 몰고 있는 중증호흡기증후군의 원인이 되고 있어요.

"나 때는 말이야~"라는 말을 하기가 무섭게 과거에 알고 있던 정보들이 맞지 않는 경우가 많아지고 있는 것입니다. 게다가 이제는 더 자주, 대규모 감염병이 유행할 것이라고 과학자들은 전망하고 있어요. 대규모 감염병은 피할 수 없는 것이고, 우리는 감염병의 시대를 살아갈 수밖에 없는 걸까요? **"**

1. 감염병과 우리의 몸

유명한 감염병을 소개합니다

인간은 외부로부터 몸속으로 침범해 들어와 고통을 주고 사망에 이르게 하는 감염병과 끝없는 전쟁을 치르며 살아왔습니다. 전 세계적으로 수많은 사람을 숨지게 하여 세계 인구를 눈에 띄게 감소시킨 유명한 감염병들을 알아보겠습니다.

14세기의 문화를 바꾼 무서운 병, 흑사병(페스트)

똑, 똑, 똑.

둔탁한 막대기로 문을 두드리는 낮고 묵직한 소리가 들립니다.

"어쩌면 좋아요. 닥터 쉬나벨이 왔나봐요."

창문에서 입구 쪽을 내다보니 뾰족한 부리에 검고 긴 코트로 몸을 감싼 사내가 서 있습니다. 마치 지옥에서 병자를 데리러 온 것 같아요.

죽음의 공포를 몰고 왔던 흑사병이 한차례 휩쓸고 지나간 후에도, 흑사병은 유럽인들에게 공포의 대상이었습니다. 흑사병을 다루는 의사 중에는 기괴한 복장을 한 이들이 있었는데, 이들을 '닥터 쉬나벨'이라고 불렀어요. 환자와 접촉하지 않으려는 의도로 고안된 복장이 마치 요즘의 의료진이 방호복을 입고 있는 것 같네요. 그들은 흑사병 환자가 있는 집을 방문해서 적절한 치료는 하지 못하고 피만 뽑다가 결국 죽음에 이르게 하는 일이 빈번했다고 합니다. 그래서 사람들은 닥터 쉬나벨이 동네에 나타나는 것을 두려워했답니다.

일반 처방전 하루에 최소 한 번 오줌으로 샤워를 하시오

부자를 위한 처방전 에메랄드를 갈아서 물에 섞은 후 드시오

이 황당한 처방전은 14세기 유럽 인구의 3분의 1에 해당하는 사람들을 죽음으로 몰고 간 흑사병 치료법이었습니다. 손발이 까맣게 변하고, 고열에 시달리며, 몇 시간 내에 심한 기침을 하다가, 맥을 못 추고 죽어간 사람들이 약 1억 명에 달할 정도로 끔찍한 대규모 감염병이 오줌 샤워로 치료될 수 있었을까요? 하지만 뭐라도 해 보고 싶었나 봅니다.

무역이 성행하면서 멀리서부터 쥐와 벼룩의 몸을 빌려 서양으로 유입된 페스트균은 사람들과 쥐가 뒤섞여 사는 비위생적인 도시에서 엄청난 속도로 퍼져나갔습니다. 여기에 대기근까지 겹쳐 사람들이 속수무책으로 죽어 나갔지요.

원인을 알 수 없었던 사람들은 엉뚱한 곳을 향해 분노를 폭발시켰습니다. 손 씻는 습관이 잘 배어 있어서 상대적으로 흑사병에 잘 걸리지 않았던 유대인들을 병을 퍼뜨리는 원흉으로 의심하며 불태워 죽이기도 하고, 아무 근거도 없이 수많은 여성을 마녀로 몰아서 잔인하게 고문하고 죽였지요. 이슬람인과 한센병 환자들에 대한 차별도 극도로 심해졌습니다.

지금은 **흑사병**이 **페스트균**이라는 세균에 의해서 발병되며, 페스트균을 옮길 수 있는 쥐와의 접촉을 피하고, 흑사병에 걸린 사람의 침방울이 튀지 않도록 조심해야 한다는 걸 알고 있어서 초기에 발견하면 재빠르게 대처할 수 있어요.

너무나 두려워 함부로 부르지도 못한 마마, 천연두

"넌 무슨 빵이 좋아?"

"난 소시지 빵!", "난 붕어빵!", "난 곰보빵!"

'응? 곰보빵이 뭐지?'

달콤한 앙금이 들어 있지는 않지만, 겉이 바삭하면서도 부드럽고 달콤해서 인기 만점인 소보로빵. 이 빵은 한때 곰보빵으로 불렸어요. 곰보는 천연두나 홍역과 같은 전염병을 앓고 난 후 얼굴에 자국이 남아 있는 사람을 낮잡아 부르는 말로, 사용하지 말아야 합니다. 그런데 1980년 이후 곰보가 된 사람은 하나도 없습니다. 무슨 일이 있었던 것일까요?

16세기 남아메리카, 아스테카 제국의 사람들은 말을 타고 전진해 오는 하얀 피부의 전설 속 예언자를 격렬하게 환영하였습니다. 시간이 지나면서 그들이 예언자가 아님을 알았지만 500명에 지나지 않았던 스페인 군대에 의해 거대한 아스테카 제국은 손쉽게 멸망했고, 수탈당했습니다. 그리고 남아메리카 원주민의 대부분이 죽어갔습니다. 바로 **천연두**라는 무서운 감염병 때문이었지요.

고열에 시달리며 정신 착란까지 동반하는 이 끔찍한 질병을 앓는 사람은 온몸을 뒤덮는 수포 때문에 괴로워하며 몸서리칩니다. 간신히 살아남아도 평생 수포 자국으로 일그러진 피부를 벗어날 수 없었지요. 우리나라에서도 천연두는 왕족을 부를 때 사용하는 '마마'라는 호칭으로 불릴 정도로 두려움의 대상이었습니다. 마치 소설 《해리포터》에서 볼드모트의 이름을 차마 부르지 못하는 것처럼 말이죠.

1967에 다시 대유행이 시작되었고, 무려 1,500만 명이 사망하기에 이르렀던 천연두. 그런데 1980년 5월 WHO는 천연두가 지구에서 종식되었음을 선언했습니다. 수포가 온몸을 뒤덮고, 고열에 시달리며 20세기에 들어와서도 5억 명의 사망자를 몰고 온 이 끔찍한 감염병이 어떻게 종식될 수 있었을까요?

래리 브릴리언트(Larry Brilliant)를 비롯한 역학자들은 '조기 감지, 조기 대응'이라는 구호 아래 천연두 환자를 조기에 찾아내기 위해 엄청나게 노력하였습니다. 천연두 환자를 '신의 방문을 받은 사람'이라고 생각하고 숨기는 사람들에게 천연두에 걸린 아이의 사진을 보여주면서 집집마다 다니며 환자를 찾아내어 치료하고, 환자가 발생한 지역을 하나도 빠짐없이 찾아 표시하며 천연두의 앞길을 막았습니다.

감염병을 조기에 감지하는 것의 중요성을 입증한 사례라고 할 수 있어요. 다행히 천연두는 사람에게서만 감염되는 질병이라 어디선가 갑자기 다른 동물이 옮길까 봐 두려워할 필요는 없어요.

위생적 물 관리의 시작, 콜레라

18세기 수많은 유럽인이 새로운 희망을 찾아서 뉴욕항으로 들어왔습니다. 세계의 그 어느 곳보다 역동적인 곳으로 변하고 있던 미국은 이민자들이 계속 유입되고 새로운 산업의 중심지로 부상하며 활기를 띠게 되었지요. 넘쳐나는 사람들은 다닥다닥 붙어살았고, 거리에는 오물이 넘쳐났습니다. 상수, 하수, 오수를 제대로 구분하여 관리하지도 않았지요.

그러자 여기저기에서 급성 설사 환자들이 속출했습니다. 이 질병으로 뉴욕시에서만 5,000명 이상이 사망했어요. 환자를 위해 침대에 구멍이 뚫린 콜레라 침대가 발명되었을 정도로, 콜레라에 걸리면 엄청난 설사를 하고 심한 탈수 쇼크로 죽음에 이르기도 했지요.

1831년 영국에서도 **콜레라**가 창궐해서 5만 명이 넘게 목숨을 잃었습니다. 1854년 또다시 급속하게 콜레라로 인한 사망자가 늘어날 때, 마취를 전문으로 하는 의사인 존 스노(John Snow)가 환자와 사망자가 나온 집을 일일이 찾아다니며 조사하고 위치를 지도에 기록하기 시작했어요. 존 스노

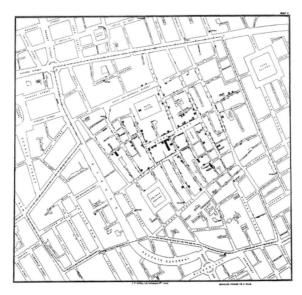

존 스노가 그린 런던의 콜레라 지도

는 콜레라 지도가 한 곳을 집중적으로 가리키고 있다고 생각했는데, 그곳은 식수 펌프였습니다. 문제의 식수 펌프를 폐쇄하자 콜레라의 기세가 꺾이기 시작했죠. 지금도 데이터 시각화의 고전으로 재해석되곤 하는 이 런던 콜레라 지도는 빅데이터와 첨단 기법을 갖춘 현대 역학의 토대라는 평가를 받고 있어요.

훗날 로베르트 코흐(Robert Koch)가 오염된 물에 있던 균에 의해 콜레라가 발생한다는 사실을 밝혀내면서 물 관리의 중요성을 알리고 콜레라를 치료하고 예방할 수 있는 길을 열었습니다. **코흐**는 감염 부위가 까맣게 변하며 조직이 괴사하는 질병인 탄저병의 원인균도 찾아내어 세균과 질병의 관계를 밝히고 질병 치료의 길을 열어 주었습니다.

스페인은 억울해, 1918 스페인 독감

"20세기의 가장 끔찍한 감염병은 역시 스페인 독감이지요."

"아니라고! 미국 독감이라고요!"

"그게 그거 아닌가요?"

"스페인에서 시작한 것도 아닌데, 왜 자꾸 스페인 독감이라고 하는 겁니까?"

20세기 초, 흑사병에 맞먹는 대규모 감염병이 전 세계를 휩쓸었습니다. 5억 명 정도가 감염되고 5,000만 명 이상이 사망하게 되는 끔찍한 일이 벌어진 것이지요. 1918년부터 유행하기 시작하여 전 세계를 들썩이게 한 **스페인 독감**입니다. 미국 캔자스 지역에서 시작되었지만, 스페인 국왕이 이 독감으로 사망하고 스페인에서 독감에 대한 정보가 많이 보급되면서 스페인 독감으로 불렸습니다. 스페인 사람들은 절대 스페인 독감이라고 하지 않는다네요.

흑사병과 콜레라가 창궐하던 시대는 사람들이 질병의 원인도 몰랐고 공중 보건 체계도 갖춰져 있지 않았던 시절이라, 미개하게 대처하고 질병의 확산을 제대로 막지 못했어요. 하지만 20세기는 이미 질병에 대한 기초 지식도 있고 공중 보건도 과거에 비해 잘 갖춰져 있었습니다. 이런 상황에서 어떻게 이처럼 엄청난 규모의 사망자를 낳은 팬데믹이 가능했을까요?

몇 년간 지속된 제1차 세계대전으로 피폐해진 1918년, 국가 간에 사람들의 유동성이 컸고, 열악한 환경에 노출된 사람이 증가했으며, 질병으로 인한 혼란을 막기 위해 정보는 차단되었으며, 그 위험성을 제대로 전하지 못한 채 세계 곳곳에서 감염자와 사망자가 속출한 겁니다. 그 영향은 유럽에서 아주 멀리 떨어진 우리나라에까지 미쳐서 전 국민의 4분의 1 이상이 감염되고, 15만 명 이상이 사망했을 정도였습니다. 일제의 수탈에 이어 독감으로 삶이 극도로 피폐해졌지요.

스페인 독감은 젊은이들을 죽음으로 몰고 간 것으로 유명합니다. 질병에 걸리면 노약자나 기저 질환이 있는 사람들이 사망에 이르는 경우가 많은 게 일반적인데, 스페인 독감은 유독 25~45세에 해당하는 젊은이들의 사망률이 매우 높았다는 것이죠. 전쟁으로도 젊은이들이 죽어가던 시대에 이 독감은 더 많은 젊은이의 목숨을 앗아갔습니다.

당시에는 이 기묘한 현상을 설명하지 못했는데, 이 현상을 설명해 주는 것이 '사이토카인 폭풍'입니다. 면역 과정에서 중요한 역할을 하는 면역세포들이 내보내는 화학 물질인 사이토카인이 폭발적으로 분비되면서 과도하게 활성화된 면역 세포들이 정상 세포를 공격하고, 결국 극심한 호흡 곤란을 일으키거나 여러 장기가 손상되어 사망에 이르게 되는 거죠. 스페인 독감 당시 주요 사망 원인은 이 사이토카인 폭풍이었다고 합니다. 스페인 독감의 사례는 대규모 감염병 앞에서 젊음을 근거로 방심하는 것이 얼마나 위험할 수 있는지를 보여 주었다고 하겠습니다.

돼지독감? 2009 신종 플루

2009년 봄, 멕시코의 어린아이로부터 시작해서 전 세계로 퍼져나간 **신종 플루**에 의해 50만~100만 명의 사망자가 발생했습니다. 신종 플루는 전 연령의 감염률이 유사하게 나오는 등 감염 양상도 특이했지만, 이상한 점이 또 있었습니다. 원인 바이러스가 그전까지 인간에게서 나온 적이 없는 완전히 새로운 종류라는 판단이 내려졌거든요. 이 바이러스는 주로 돼지를 매개체로 변종이 생겨난 것입니다. 돼지고기를 먹는 것과 상관없는 질병이었음에도 초기에 '돼지독감'으로 불렸던 이유입니다. 동물과 사람 사이에 상호 전파되는 병원체에 의한 전염병인 인수 공통 감염병에 관한 관심과 경각심이 커지는 계기가 되었지요.

작고 매운 병원체의 세계

우리 몸에 침입해서 질병을 일으키는 것은 눈으로 볼 수도 만질 수도 있는 **기생충**에서 전자 현미경을 사용해야만 겨우 볼 수 있는 **바이러스**에 이르기까지 다양합니다. 세계 곳곳에 공포를 몰고 왔던 흑사병과 콜레라는 **세균**에 의한 질병입니다. 천연두와 신종 플루는 바이러스에 의한 질병이지요. 세균과 바이러스는 둘 다 우리 몸을 공격하는 병원체이면서 관찰하기 어렵다는 공통점이 있지만 큰 차이가 있답니다.

현미경으로 비로소 보이는 세균

1676년, 세균은 과학에 대한 전문 지식이 전혀 없던 한 네덜란드 한 상인에 의해 세상으로 그 존재를 드러냈습니다. 직물 상인이었던 레이우엔훅(Antonie van Leeuwenhoek)은 직접 유리를 갈아서 끼운 현미경을 만들고 그걸 눈에 대고 다니면서 이것저것 관찰했어요. 그는 무려 270배 정도의 확대력을 가진 이 획기적인 발명품으로 물에서 움직이는 생명체를 발견하게 되었습니다. 나름 작명도 했는데, '미소 동물'이라고 이름 붙여진 이것이 최초로 발견된 **세균**이랍니다. 하지만 세균과 질병의 관련성은 알지 못했습니다.

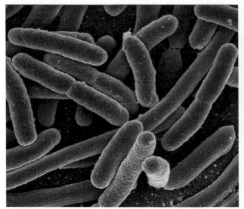

현미경으로 본 세균

독일의 미생물학자인 로베르트 코흐
- 탄저병과 콜레라의 원인균을 찾아내어
  노벨상 수상

그로부터 무려 200년이 더 지나서야 탄저병을 연구하던 **로베르트 코흐**가 그 질병의 원인이 세균이라는 사실을 발견합니다. 많은 질병을 일으키는 원인이 눈으로 관찰하기 힘든 세균이며, 질병을 치료하기 위해서는 세균을 박멸해야 한다는 사실도 알게 되지요.

세균은 하나의 세포로 되어 있으며, 핵이 없고, 그 크기가 매우 작아서 관찰하기가 쉽지 않습니다. 분열법으로 개체 수를 늘리는데, 환경 조건이 좋을 때는 매우 빠른 속도로 증식해요. 숙주의 몸에 기생하면서 양분을 흡수하여 분열하고, 독소를 내보내서 숙주의 조직을 파괴하거나 숙주 몸에 염증이 생기면서 질병을 일으킵니다.

항생제를 이용하면 세균의 몸을 보호하고 있는 세포벽을 터뜨리거나, 물질대사를 막아서 죽이거나, 증식을 억제할 수 있습니다.

작아서 더 무서운 병원체, 바이러스

1883년 네덜란드에서 담배를 재배하던 농가들이 담배 괴질 때문에 농사를 완전히 망쳐버린 일이 발생했습니다. 괴질에 걸린 담뱃잎은 하나같이 모자이크 모양의 반점이 있었어요. 그래서 이 괴질의 이름을 **담배 모자이크병**이라고 불렀습니다. 하지만 너무 작아서 그 존재를 확인하기가 쉽지 않았어요. 무려 50여 년의 시간이 지난 1935년에 이르러서야 세균보다 작은 결정체에 의해 발생한 질병이라는 것이 밝혀졌답니다.

현미경으로도 잘 보이지 않는 이 결정체는 단백질로 된 껍데기 속에 유전 물질인 DNA 또는 RNA 핵산이 들어 있어요. 아무런 활동도 못 하는 먼지 같은 존재이지만 숙주 세포 내로 유전 물질을 유입시키고 나면 얘기가 달라집니다. 숙주 세포의 효소를 이용해서 증식하고, 심지어 기존의 바이러스와 다르게 변이가 만들어지기 때문이지요.

바이러스가 살아 있는 숙주의 세포 내에서 증식하는 특성은 바이러스를 해치우고자 할 때 매우 골치 아픈 특성이 됩니다. 세균의 경우 항생제를 이용해서 세균을 죽이면 되지만, 바이러스는 세포 내에 있어서 숙주의 세포를 파괴해야만 바이러스도 없앨 수 있답니다. 따라서 항바이러스제는 매우 독할 수밖에 없답니다.

드루와, 드루와! 철저히 막아 줄게!

세균이든 바이러스든 몸 안으로 침범해 들어오면 증식할 기회가 생깁니다. 우리 몸은 이 병원체들이 몸 안으로 들어오지 못하도록 어떻게든 막으려 하지요. 지금부터 자신이 작은 병원체라고 생각하고 사람의 몸 안으로 한번 들어가 볼까요? 목적지는 창자, 비장, 폐 등 내장들입니다. 이곳에 도착해서 마구마구 증식해 보자고요.

입구부터 철저히 봉쇄 중

그럼 어디로 들어가는 게 좋을까요? 몸속 깊숙이 들어가고 싶다면 여러 입구가 떠오를 거예요. 콧구멍을 통해서 들어가거나, 입을 통해서 들어가는 게 가장 쉬울 것 같네요. 그런데 이런, 콧구멍 안의 털에 걸려버렸어요. 겨우 안쪽으로 조금 들어가더라도 끈적거리는 **점액질**에 빠져서 한 발짝도 움직일 수가 없네요. 엄청 많은 병원체가 돌진해 들어가 그중 몇 개는 운 좋게 코를 통과하고 기분 좋게 내려가더라도 기관지 세포의 **섬모**와 **백혈구**에 딱 걸려서 도로 끌려 나오고 말았습니다. 백혈구는 몸속에 침입한 병원체를 잡아먹어서 해치우는 중요한 세포예요. 분해 효소로 가득 찬 작은 주머니들이 많이 들어 있어서 병원체를 녹여버릴 수 있죠.

우리 몸은 여러 겹으로 병원체가 들어가지 못하도록 막고 있어요. 몸 표면의 세포들은 다닥다닥 붙어서 빈틈이 없지요. 심지어 **효소**도 분비해서 시간이 지나면 처참하게 분해되어 버리기도 해요.

몸에 상처가 났네요. 상처 부위로 들어가면 쉽게 혈관이나 림프관으로 들어가서 온몸을 돌아다닐 수 있는 절호의 기회를 얻게 됩니다. 어서 상처 부위로 들어가 볼까요? 빨갛게 변한 걸 보니 혈액도 많이 모여 있나 봐요. 신이 나서 돌진을 했는데, 갑자기 몸이 백혈구에게 휘감기며 잡아먹히고 말았어요. 조직에 상처가 나면 상처 부위로 혈액이 모이고, 백혈구들이 빠져나와서 병원체를 잡아먹으며 감염이 되는 걸 막는답니다. 이것을 **염증**

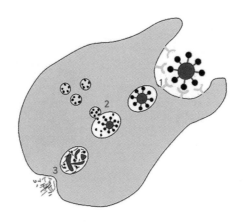

백혈구의 병원체 방어 과정

반응이라고 해요.

피부, 털, 효소, 점액, 섬모, 염증 반응, 백혈구… 이중, 삼중으로 철저히 막고 있어서 몸 안으로 들어가는 게 너무도 힘이 드네요. 실제 우리 주위에는 수많은 병원체가 있습니다. 하지만 철저한 방어 체계 덕분에 병에 걸리지 않고 건강하게 살아갈 수 있지요.

일대일 관리 체제, 끝까지 기억할게

우리 몸이 이렇게 방어 체계를 굳건하게 세우고 있더라도 병원체의 일부가 몸 안으로 침범해 들어가기도 합니다. 그럼 이대로 무너지는 걸까요? 병원체가 몸 안으로 침범하는 데 성공했다면 이제는 좀 더 지능적인 맞춤형 방어 체계로 병원체를 해치우게 됩니다. 각 병원체에 딱 맞는 항체를 만들어서 죽이거나 병원체에 감염된 세포를 죽여 버리죠. 그리고 몸속까지 잘 들어온 똑똑한 병원체를 잘 기억했다가 다음에 또 들어오면 처음보다 더 엄청난 양의 **항체**로 총공격해 버립니다.

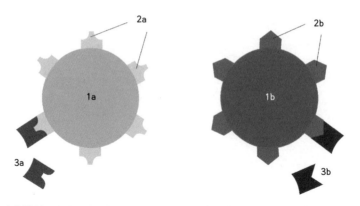

항체와 항원 - 항체와 병원체에 있는 항원의 구조가 딱 들어맞아서 병원체를 제거할 수 있다

이렇게 들어오기도 힘들고, 들어와서도 지능적인 공격에 맥을 못 추는 병원체들이 좋아하는 사람이 있어요. 바로 쉽게 자기들을 몸속으로 들여보내 주는 사람들이죠. 손을 잘 씻지 않은 채 얼굴을 자주 만지거나 음식을 먹고 코를 후비는 사람들이죠. 덕분에 쉽게 몸속으로 들어갈 수 있거든요. 창문을 꼭꼭 닫고 환기를 하지 않는 사람들도 좋아요. 바람에 실려서 날려가지 않고 방 안에 있으면서 몸속으로 들어갈 확률을 높여주거든요. 그리고 불규칙한 생활로 면역력이 낮은 사람들도 정말 고마워요. 항체를 만드는 능력이 급격히 떨어져 있으면 이처럼 고마운 게 없거든요.

절대 손을 씻지 마세요. 얼굴도 자주 만지고, 환기는 되도록 하지 마세요. 선풍기 바람을 쐬면서 잠드는 것도 적극적으로 추천합니다. 호흡기의 점액이 바싹 마르면 우리가 침범하기 너무 좋거든요.

병원체 올림

1. 변종 바이러스가 나타나서 대규모 감염병이 창궐했다고 한다. 변종 바이러스란 무엇이 변했다는 의미인지, 변종이 되면 왜 잘 대처하지 못하게 되는지 생각을 적어보자.

정답

1. 바이러스는 단백질 껍데기 속에 DNA나 RNA라는 유전 물질을 가지고 있는데, 이 유전 물질의 정보가 변해서 기존의 바이러스와 달라진 것을 의미한다. 기존의 바이러스에 의해 질병이 생겼다면 그에 대한 사람들의 면역이 잘 되어 있거나 치료제, 백신 등이 개발되어 초기에 제어할 수 있는데, 변종에 대한 백신과 치료제를 개발하는 동안 사람들은 낯선 바이러스에 대한 면역이 잘 갖추어지지 않아 질병을 앓게 되고, 다른 사람에게 전염시키면서 확대되기 때문에 잘 대처하지 못하는 것이다.

2. 감염병 극복

코로나19 이야기

발병의 원인을 알면 감염병의 확산을 바로 막을 수 있을까요? 당연히 발병의 원인인 병원체의 특성을 알아야 백신도 개발하고, 치료제도 개발할 수 있습니다. 하지만 백신이나 치료제를 개발하는 시간이 걸리는 동안 무서운 기세로 감염병은 퍼져나가게 됩니다.

감염병의 확산을 느리게 또는 일어나지 않게 하는 방법은 무엇일까요? 그리고 왜 점점 더 전 세계적인 감염병이 자주 일어나게 된 것일까요?

2019년 12월 중국 정부는 신종 바이러스가 지역 감염을 일으키고 있다는 사실을 보고했습니다. 몇 달 만에 이 바이러스는 빠른 속도로 다른 나라로 확산되었고, 2020년 3월 11일 WHO(세계보건기구)는 팬데믹을 선언하

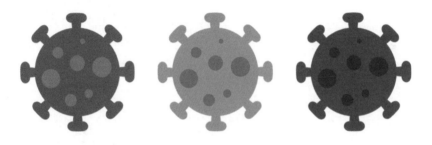

코로나19의 원인 바이러스 - 표면에 왕관 모양의 돌기가 있어서 코로나바이러스로 불린다

였습니다. 팬데믹이란 WHO가 선포하는 감염병 최고 경고 등급으로, 세계 적으로 감염병이 대유행하는 상태를 일컬어요.

사회적 거리 두기와 도시 간 이동 제한 등 일상적 생활은 통제되고, 매 일매일 감염자 수는 늘어났지요. 이 바이러스는 2002~2003년에 유행했던 사스의 원인과 같은 코로나바이러스의 한 종류입니다.

흔한 감기와 코로나19의 차이

우리가 계절이 바뀔 때면 흔히 걸리던 감기도 코로나19의 원인과 같은 종류에 속하는 코로나바이러스에 의한 것입니다. 그런데 왜 코로나19는 이렇게 무서운 질병이 된 것일까요?

길에서 코로나19에 걸린 사람이 죽은 채 발견되었다는 국제 뉴스가 있 었습니다. 치료할 병원이 없어서 길거리를 헤매었을 것으로 생각하지만, 실은 급작스럽게 쓰러져 사망에 이르렀을 가능성이 더 큽니다. 코로나19 가 호흡기 증후군이면서도 정작 호흡기의 이상을 예민하게 느끼지 못하 고, 병이 많이 진행된 상황에서 산소 포화도가 급격히 떨어지면 손쓸 새도 없이 기절해 버린다는 것입니다.

코로나바이러스(COVID-19)에 감염된 세포들이 파괴되는 것과 더불어 녹아내리듯 파괴되고, 면역 세포 중에 코로나바이러스에 감염된 것들이 등장하면서 면역 체계에 대혼란을 가져옵니다. 면역 세포들의 공격 대상이 자신의 세포로 향하게 되지요. 그에 따라 파괴된 폐 세포는 회복 불가능한 지경에 이르게 되고 호흡이 힘들어지기도 합니다. 약해진 폐는 평소에 거뜬히 물리쳤던 세균들에게 점령당해서 폐렴을 일으키기 쉬워진다는 게 또 다른 문제입니다. 다행히 회복되는 경우도 많지만 안타깝게 목숨을 잃게 되는 경우도 많습니다. 특히 나이가 많고 당뇨병이나 고혈압 등의 기저 질환이 있는 경우에는 회복하지 못할 확률이 더 높습니다.

감염병의 새로운 스타일, 기존의 공식을 파괴하다

코로나19는 감염병의 새로운 스타일이라고 합니다. 기존의 감염병과는 일반적인 특성과 다르다는 것이죠. 대부분의 감염병은 증상이 나타나고 심해지기 시작할 때 전파력이 가장 큽니다. 그런데 코로나19는 증상이 없는 상태에서도 전파력이 우수합니다. 바이러스가 폐까지 침범해서 병증을 나타내기 전에 기도의 위쪽 부분에 정착한 바이러스에 의한 전파도 활발해서 환자가 크게 기침을 하지 않더라도 침방울에 의한 감염이 쉽게 일어납니다.

세균이나 바이러스가 숙주를 괴롭혀서 죽음에 이르게 하는 게 과연 그들에게 좋은 일일까요? 숙주가 죽어버리면 확산의 기회가 사라집니다. 그래서 사망률이 높은 감염병은 특별히 보건 상태가 너무 열악하지만 않다면 전파가 잘 안 되고 소멸이 빨리 되는 특징이 있어요. 사망률이 거의 100%에 가까운 광견병, 60%에 이르는 에볼라는 무서운 감염병이지만 일단 감염되면 정상적인 생활이 불가능해서 다른 사람을 감염시킬 가능성이 줄어듭니다. 사망률이 낮은 감염병은 감염된 사람의 활동성이 높고 전파가 잘 되어서 감염되는 사람의 수가 매우 많아집니다.

그런데 코로나19는 이 공식을 깨고 있어요. 사망률도 높고 감염률도 높아요. 사망률이 높은 감염병의 경우 병에 걸린 사람의 활동성이 뚝 떨어지기 마련인데, 코로나19는 무증상 상태로 활동성이 높을 때 전파력이 높고, 증상이 나타나면 급격히 나빠져서 사망에까지 이르는 경우가 많기 때문입니다. 그래서 감염된 사람은 자기도 모르게 다른 사람들에게 코로나19를 전파하게 되는 거예요. 주변 사람들이 아무도 감염된 것 같지 않더라도 사회적 거리 두기를 지속해야 하는 이유이지요.

호모 사피엔스, 감염병의 블루 오션

사람이 이동도 시켜 주고 새로운 만남도 주선해 주고

사람은 비교적 늦게 지구상에 출현한 생물 종이에요. 세균이나 바이러스는 이전부터 다양한 생물에 기생하며 살고 있었지요. 그런데 뒤늦게 출현한 이 똑똑한 생물 종은 감염병을 일으키는 병원체에게 너무도 사랑스러운 행동을 합니다.

많은 생물 종이 제한된 환경에서만 살기 때문에 지구의 곳곳에서 발견되지는 않지요. 그런데 호모 사피엔스는 어찌나 적응력과 활동성이 좋은지 전 지구에서 발견되지 않는 지역이 없을 지경입니다.

바이러스는 먼지나 다름없는 작은 결정체입니다. 스스로 움직일 수가 없어요. 그나마 운동성이 있는 세균도 1cm 가량을 헤엄쳐 이동하는 게 엄청난 일일 정도죠. 그런데 사람 몸에 잘만 붙어 있으면 자동차, 배, 비행기를 타고 몇 백km를 짧은 시간에 옮겨 갈 수 있습니다. 그리고 개체 수는 또 어찌나 많은지요.

깊은 숲속에 사는 생물에게 기생하던 바이러스는 생물 종도 많지 않아 숙주를 죽이지 않는 수준에서 공생과 기생의 균형을 찾으며 겨우겨우 살고 있었어요. 그런데 사람들이 그 깊은 숲까지 찾아와 숲을 헤집으며 세상으로 나오게 해 주고 있답니다.

바이러스가 다른 동물들을 만날 기회도 제공해 줘요. 박쥐 몸에 있던 바이러스가 어떻게 천산갑을 만나고, 사향고양이를 만나겠어요? 다 사람들 때문에 시장에서 편하게 만나게 된 겁니다. 이렇게 새로운 숙주를 만나면 여러 유전 물질 조합이 가능해져서 다양한 변이가 만들어지고, 좀 더 쉽게 다른 숙주에게 옮겨 갈 수가 있답니다.

박쥐에서 사람으로

바이러스를 보유하고 있는 숙주는 다양합니다. 그중 박쥐는 바이러스에게 인기가 높은 숙주예요. 바이러스의 복제와 전파에 적합한 특성을 두루 갖추고 있기 때문이지요. 박쥐는 아주 오랫동안 지구에 존재해온 동물이면서 1,116종에 이르는 아주 많은 종이 있어요. 포유동물 전체 종의 5분의 1이 박쥐 종류라고 합니다. 박쥐의 종류가 다양하다는 말은 박쥐 몸속에 있는 바이러스의 종류도 다양하다는 걸 의미해요. 그래서 박쥐가 옮기는 바이러스도 놀랄 만큼 많아 보이는 거죠.

박쥐는 개체 수도 많아요. 엄청나게 많은 개체가 다닥다닥 좁은 공간에 붙어서 살고 있죠. 평균 수명도 길어서 20~25년 정도 살아요. 그러면서 비행 능력까지 있네요. 바이러스 입장에서는 감염이 된 후 장기적으로 멀리까지 다른 숙주로 옮겨 갈 가능성이 생기는 겁니다.

많은 경우 박쥐는 면역력도 매우 높아서 바이러스와 오래도록 상호 관계를 맺으며 일종의 휴전 상태로 지냅니다. 바이러스는 다른 숙주로 옮기며 돌연변이를 일으킬 가능성이 커지는데, 그런 풍부한 기회를 제공하는 새로운 숙주가 바로 호모 사피엔스입니다.

사람은 사냥, 개발, 관광의 목적을 가지고 박쥐의 서식지를 침범하고, 박쥐들을 생태계에서 끌어내어 살 곳을 잃고 여기저기 돌아다니며 종간 접촉을 하도록 유도하지요. 돌연변이가 많이 일어날수록 다른 종에 정착하는 데 성공할 가능성은 커집니다. 더 많은 만남이 바이러스 증식의 성공 요인이 되는 것이지요.

사람들 때문에 바이러스가 다른 종들을 만나며 돌연변이를 일으키게 되고 전염병이 계속 발발하게 되었습니다. 호모 사피엔스는 생태계의 오랜 휴전 상태를 깨고, 바이러스는 그 기회를 살려 막다른 골목을 탈출하고 있는 것입니다. 숲을 파괴하지 않더라도 인간에 의해 기후가 변화하면서 더 많은 생태계에서 바이러스는 숙주의 몸을 타고 생태계 바깥으로 나오고 있습니다.

대규모 감염병이 발생하고 또 다른 감염병이 발생하기까지의 시간이 점점 짧아지고 있습니다. 천천히 조용히 적응하고 변화해 오던 생태계를, 최근에야 지구에 나타난 생물 종인 호모 사피엔스가 마구 헤집고 있습니다. 지금 우리가 겪고 있는 팬데믹의 시대는 인간의 지위를 잘못 생각하고 생태계를 마구 다루었던 이전의 우리 행동에 대한 결과일 수 있습니다. 우리가 그 행동을 지금 멈춘다 하더라도 그 영향은 훨씬 나중에 나타나겠지요. 당분간 우리는 감염병의 시대에 살아갈 수밖에 없을 것 같습니다.

팬데믹을 막는 작고 현명한 실천

같은 숫자여도 느리게

감염병의 진행 방법은 두 가지로, 빠른 진행과 느린 진행이 있습니다. 빠른 진행은 많은 생명을 앗아가며 매우 끔찍할 것이고, 느린 진행은 역사의 주인공이 되지 않고 스쳐 지나가며 잊힐 것입니다. 어떤 결과가 나오는지는 발병 초기의 대처에 달려 있어요.

빠르게 진행되는 감염병에서는 많은 사람이 같은 시간에 감염됩니다.

환자를 돌보는 의료진
- 의료 시스템이 감당하지 못할 정도로 감염자가 늘면 걷잡을 수 없는 팬데믹이 올 수 있다

이건 어떤 결과를 가져올까요? 감염자들은 치료를 받아야 하는데, 그 사회의 의료 시스템이 이를 처리할 수 없게 됩니다. 그러면 사람들은 치료되지 않은 채 죽게 되고, 의료 종사자들의 감염까지도 일어납니다. 그러면 의료 시스템의 능력은 더 떨어지게 되는 악순환이 반복되며 사망자가 많이 늘어나지요. 하지만 느린 진행에서는 의료 시스템이 감염자들을 모두 치료할 수 있고, 감염률도 점점 떨어지게 됩니다. 그래서 감염병이 발생했을 때 초기 대처가 매우 중요한 것입니다. 느린 진행으로 바꾸기 위해서 할 수 있는 온 힘을 기울여야 하지요.

우리 손(?)에 달려 있다

유행병은 올바른 조치를 하면 전파가 느려집니다. 백신이 개발되지 못하는 유행병의 초기에 감염자가 급격히 늘어나지 않도록 사회적 백신의 역할을 해야 합니다. 바이러스가 가는 길을 차단하는 것이지요. 사람들 사이의 접촉을 최소한으로 하고, 평소의 활동 범위보다 많이 줄이면서 두 가지 '감염되지 않기' '감염시키지 않기'를 목표로 생활하는 것입니다.

이 두 가지를 이룰 수 있는 가장 좋은 일은 손을 씻는 것입니다. 비누는 사실 아주 강력한 도구예요. 바이러스의 지방막을 분해해서 우리를 감염시킬 수 없게 하기도 하고, 미끄러워진 손에서 바이러스가 떨어져 나갈 수도 있습니다. 손가락 사이사이, 흐르는 물을 이용해서 30초 이상 씻도록 권장하고 있지요. 마치 고춧가루를 만진 다음에 손을 씻고 나서 콘택트렌즈를 껴야 하는 상황인 것처럼 손을 씻는다면 가장 안전하겠죠?

손 씻기 - 감염병에 걸리지 않기 위한 최소한의 노력

바이러스 가는 길에 철벽 치기

바이러스는 스스로 움직일 수 없으므로 우리가 다른 사람에게 옮겨주지 않으면 감염력을 잃고 쓸쓸히 사라지게 됩니다. 바이러스가 침방울이나 공기를 통해 이동할 수 있는 거리보다 더 멀리 있으면서 동시에 다른 사람에게 가는 길을 차단하는 겁니다. '사회적 거리 두기'는 그렇게 좋은 경험은 아니지만 우리가 집에 머무르며 다른 사람과의 접촉을 최대한 줄여야 의사, 경찰관, 백신 연구자 등 사회에 꼭 필요한 직업을 가진 사람들이 병에 걸리지 않고 사회를 유지해 나갈 수 있겠죠.

유행병이 어떻게 끝나는지는 어떻게 시작되는지에 따라 달라집니다. 모든 게 우리 손에 달려 있어요. 인간과 자연은 결코 분리할 수 없는 존재입니다. 인간은 자연의 소유자가 아니며 생태계의 최상위 포식자도 아니에요. 인수 공동 전염병 발발을 줄이기 위해서는 인간과 자연 사이에도 거리 두기가 필요합니다. 과도하게 생태계를 침범하거나 야생 동물을 포획하는 행동에 대해 더 진지한 해결책이 필요합니다. 이제는 인간과 자연의 슬기로운 공생 관계를 만들어 가야 할 때가 아닐까요?

이것만은 알아 두세요

1. 코로나19의 원인 바이러스는 기존의 호흡기 질환이 나타나는 방식과 전파 능력이 다른 변종 바이러스로, 박쥐로부터 건너온 인수 공통 감염 바이러스이다.

2. 인수 공통 감염병은 동물의 몸속에 있던 바이러스가 결국 사람에게까지 오게 되는 것인데 생태계 파괴, 야생 동물 거래 등 사람들이 이를 부추기는 여러 행태를 보이기 때문에 일어나며, 가능성이 더 커지고 있다.

3. 사람의 이동성, 인구 밀집도 등으로 인해 병원체가 멀리 그리고 많이 전파하는 데 있어서 사람은 최고의 도구가 된다.

4. 바이러스가 전파되는 길목을 차단하는 방법으로 접촉을 최소화하고, 손 씻기를 통해 바이러스가 묻어 있을 확률이 가장 높은 손으로부터 몸 안으로 바이러스를 옮기는 것을 막는 방법이 가장 효율적이다.

풀어 볼까? 문제!

1. 손 씻기는 왜 감염병 예방에 있어서 가장 중요한 방법일까? 그리고 어떻게 씻는 것이 좋은 방법일지 적어보자.

정답

1. 우리의 피부는 병원체가 들어오지 못하도록 잘 막고 있다. 하지만 병원체가 쉽게 들어올 수 있는 곳이 바깥을 향해서 열려 있는 부분들인데 입이나 코, 눈 등이다. 우리의 손은 생활하면서 많은 것을 만지고 접촉하게 되면서 많은 병원체를 묻힌다. 병원체가 묻은 손으로 얼굴을 만지거나 음식을 먹게 되면 손쉽게 우리 몸 안으로 병원체가 들어오게 되는 것이다. 그래서 손을 깨끗하게 씻는 것이 중요하다. 손에 묻은 병원체를 잘 씻어내기 위해서는 비누를 사용하고 흐르는 물에 30초 이상 손을 꼼꼼하게 비비면서 씻어내야 한다. 병원체는 아주 적은 양으로도 몸 안에서 빠르게 증식할 수 있기 때문이다.

**한 번만 읽으면 확 잡히는
중등 생명과학**

2021년 3월 12일 1판 1쇄 펴냄
2024년 7월 22일 1판 4쇄 펴냄

지은이 김미정 · 임현구
펴낸이 김철종

펴낸곳 (주)한언
등록번호 1983년 9월 30일 제1-128호
주소 서울시 종로구 삼일대로 453(경운동) 2층
전화번호 02)701-6911   **팩스번호** 02)701-4449
전자우편 haneon@haneon.com

ISBN 978-89-5596-903-0   44400
ISBN 978-89-5596-901-6   세트

한언의 사명선언문

Since 3rd day of January, 1998

Our Mission – 우리는 새로운 지식을 창출, 전파하여 전 인류가 이를 공유케 함으로써
인류 문화의 발전과 행복에 이바지한다.

– 우리는 끊임없이 학습하는 조직으로서 자신과 조직의 발전을 위해 쉼
·없이 노력하며, 궁극적으로는 세계적 콘텐츠 그룹을 지향한다.

– 우리는 정신적·물질적으로 최고 수준의 복지를 실현하기 위해 노력하
며, 명실공히 초일류 사원들의 집합체로서 부끄럼 없이 행동한다.

Our Vision 한언은 콘텐츠 기업의 선도적 성공 모델이 된다.

저희 한언인들은 위와 같은 사명을 항상 가슴속에 간직하고
좋은 책을 만들기 위해 최선을 다하고 있습니다.
독자 여러분의 아낌없는 충고와 격려를 부탁드립니다.
· 한언 가족 ·

HanEon's Mission statement

Our Mission – We create and broadcast new knowledge for the advancement and
happiness of the whole human race.

– We do our best to improve ourselves and the organization, with the
ultimate goal of striving to be the best content group in the world.

– We try to realize the highest quality of welfare system in both
mental and physical ways and we behave in a manner that reflects
our mission as proud members of HanEon Community.

Our Vision HanEon will be the leading Success Model of the content group.